实用临床微生物检验技术及应用

SHIYONG LINCHUANG WEISHENGWU JIANYAN
JISHU JI YINGYONG

韩 飞 著

重庆大学出版社

图书在版编目（CIP）数据

实用临床微生物检验技术及应用/韩飞著. --重庆：
重庆大学出版社，2025.6. --ISBN 978-7-5689-5328-3

Ⅰ. TS207.4

中国国家版本馆CIP数据核字第2025YX4998号

实用临床微生物检验技术及应用

SHIYONG LINCHUANG WEISHENGWU JIANYAN JISHU JI YINGYONG

韩 飞 著

策划编辑：张羽欣

责任编辑：张羽欣　　版式设计：谭小利
责任校对：关德强　　责任印制：张　策

*

重庆大学出版社出版发行
出版人：陈晓阳
社址：重庆市沙坪坝区大学城西路21号
邮编：401331
电话：（023）88617190　88617185（中小学）
传真：（023）88617186　88617166
网址：http://www.cqup.com.cn
邮箱：fxk@cqup.com.cn（营销中心）
全国新华书店经销
重庆市正前方彩色印刷有限公司印刷

*

开本：720mm×1020mm　1/16　印张：13.25　字数：214千
2025年6月第1版　2025年6月第1次印刷
ISBN 978-7-5689-5328-3　定价：68.00元

临床微生物检验技术，作为医学检验领域不可或缺的一环，紧密融合了微生物学基础理论与临床实践。其核心目标在于运用多样化的检测手段，精确识别和鉴定与临床相关的病原微生物，为感染性疾病的精准诊断、个性化治疗及预防提供可靠依据。随着科技发展，临床微生物检验技术不断优化创新，涌现出众多高效的检测方法和平台，极大提升了检测的灵敏性、特异性和效率。

然而，微生物检验的全过程涉及多个复杂的临床环节，且受诸多不可控因素影响。为了提高检验的准确性和效率，专业人员需要不断学习和掌握相关的行业标准、指南及专家共识。这些专业资料不仅为微生物检验提供理论支持和操作指导，还能帮助专业人员更好地理解检验过程中的各种复杂现象和问题。本专著旨在通过整合医学检验科一线工作人员的实际操作流程、积累的经验和技巧，将分散的微生物检验技术与方法进行系统化整理，内容涵盖各类行业标准、指南、专家共识、学术资料及资深检验人员经验总结等，构建易于学习和查询的知识体系。

本专著不仅有助于提高微生物检验领域的专业知识传播效率，普及微生物检验的基础知识和先进技术，还着重强调规范化操作细节，为检验人员提供全面有序的信息渠道。这些源于实践的经验和技巧，对于提升微生物检验人员的实际工作能力、提高检验结果的准确性及有效应用检验结果具有深远意义，同时能助力临床工作者更好地理解和应用微生物检验结果，从而在提升临床诊疗水平、优化治疗方案、减少抗菌药物滥用及提高患者康复率等方面产生积极影响。本专著秉持互学互助理念撰写，尽管笔者已尽力确保内容的准确性和完整性，但仍不可避免地存在不足之处。因此，笔者怀着谦逊态度，诚挚期望得到业内读者的宝贵意见、批评和指导，以便持续改进完善。

韩飞

2025 年春

目 录 >>>

第一章 临床微生物检验技术的背景和重要性 / 1

第二章 临床微生物学基础 / 4

第三章 临床微生物检验标本的采集与处理 / 9

　　第一节 临床微生物标本采集和转运基本要求 / 9

　　第二节 临床常见标本的采集与注意事项 / 14

第四章 临床微生物检验的传统技术方法 / 26

　　第一节 微生物涂片染色技术及其结果判读 / 26

　　第二节 微生物培养技术与培养基的选择 / 33

　　第三节 常用生化反应鉴定方法及其在细菌鉴定中的应用 / 38

　　第四节 常用血清学鉴定技术的原理与操作 / 44

第五章 临床微生物检验的现代技术方法 / 50

　　第一节 基质辅助激光解吸电离飞行时间质谱技术 / 50

　　第二节 自动化微生物鉴定与药敏分析系统 / 53

　　第三节 微生物快速培养系统 / 56

　　第四节 分子生物学检测技术 / 62

　　第五节 免疫学检测技术 / 66

第六章 临床微生物检验在感染性疾病诊断中的应用 / 70

　　第一节 细菌感染性疾病的诊断 / 70

　　第二节 真菌感染性疾病的诊断 / 79

第三节 病毒感染性疾病的诊断 / 83

第四节 其他微生物感染性疾病的诊断 / 89

第七章 临床微生物检验在医院感染控制中的作用 / 92

第一节 医院感染监测概述 / 92

第二节 医院感染环境监测方法 / 93

第三节 临床微生物检验与医院感染控制 / 102

第八章 临床微生物检验对合理用药的指导意义 / 104

第一节 精准诊断感染病原体，为合理用药提供依据 / 104

第二节 进行药敏试验，指导药物选择和剂量确定 / 105

第三节 监测治疗过程，及时调整治疗方案 / 108

第四节 案例分析 / 109

第九章 抗菌药物敏感试验与药敏报告分析 / 111

第一节 抗菌药物敏感试验概述 / 111

第二节 纸片扩散法（K-B法） / 113

第三节 梯度扩散法 / 117

第四节 自动化仪器药敏系统 / 118

第五节 药敏报告审核原则 / 123

第六节 自动化仪器药敏结果审核 / 129

第十章 临床微生物检验的质量管理 / 170

第一节 临床微生物实验室的质量管理基本要求 / 170

第二节 微生物检验室内质量控制 / 172

第三节 微生物检验室间质量评价程序 / 181

第四节 微生物实验室室内人员比对程序 / 185

第十一章 临床微生物检验技术的信息化建设与发展趋势 / 192

第一节 临床微生物检验技术的信息化建设 / 192

第二节 临床微生物检验技术的发展趋势 / 193

第十二章　临床微生物检验与临床科室的沟通协作　　　　　　　/ 195

　　　　第一节　检验前沟通　　　　　　　　　　　　　　　　　/ 195

　　　　第二节　检验中沟通　　　　　　　　　　　　　　　　　/ 196

　　　　第三节　检验后沟通　　　　　　　　　　　　　　　　　/ 197

后　记　　　　　　　　　　　　　　　　　　　　　　　　　　/ 199

参考文献　　　　　　　　　　　　　　　　　　　　　　　　　/ 201

第一章　临床微生物检验技术的背景和重要性

微生物是指一些以个体微小、构造简单为特征的生物，涵盖了细菌、真菌、放线菌、病毒、支原体、衣原体、螺旋体、立克次体、原虫等多种类型。这些微生物在自然界中广泛存在，有的对人类有益，有的则可能引起疾病。临床微生物检验是医学检验的重要组成部分，涉及利用一系列专业技术与方法，对人体样本中的这些病原微生物进行有效的识别、鉴定及其对抗菌药物的敏感性测试。这一检验过程不仅可以帮助临床医生快速而精确地锁定感染源，还可以为患者拟定恰当的治疗方案提供坚实的实验室数据支持。在细菌耐药性增强和医院感染问题日益严重的当下，微生物检验的作用愈发显著，它可以帮助临床医生选择合适的抗菌药物，还可以监测病原微生物的耐药性，为控制感染和预防疾病传播提供重要依据。

随着科技的不断进步，临床微生物检验技术也在不断地更新和改进，出现了许多新的、高效的检测方法和平台，这些方法和平台大大提高了检测的灵敏度、特异性和效率。然而，微生物检验的过程包含多个复杂的临床工作环节，且受到诸多不可控因素的影响。为了提高检验的准确性和效率，专业人员需要不断学习和掌握相关的行业标准、指南和专家共识。这些专业知识不仅为微生物检验提供了理论支持和操作指导，还有助于检验人员更好地理解检验过程中的各种复杂现象和问题。通过深入学习这些专业知识，微生物检验人员可以不断提升自己的专业素养和技能水平，做到学以致用，从而更好地推动微生物检验工作的不断进步和发展。

微生物检验技术在临床中的应用极为广泛，它对于疾病的诊断、治疗、预防和控制具有重要意义。

一、感染性疾病的诊断

（一）快速识别病原体

微生物检验技术能够迅速识别引起感染的病原体，包括细菌、真菌、病毒等。通过革兰氏染色、抗原检测、免疫学检验、分子生物学等方法，可以在几小时内确定病原体种类，为临床医生提供准确的诊断信息。

（二）精确诊断感染部位

不同感染部位可能存在不同的病原体。微生物检验技术可以根据样本来源（如血液、尿液、呼吸道分泌物等）进行针对性检测，帮助临床医生确定感染的具体部位。

（三）传染病监测

对于流感、艾滋病、肝炎等传染病，微生物检验技术可以监测病原体的存在和传播，为防控措施提供依据。

二、抗菌药物敏感性测试

（一）指导合理用药

通过微生物检验技术进行抗菌药物敏感性测试，可以指导临床医生选择针对性抗菌药物，避免盲目用药，减少抗菌药物耐药性的产生。

（二）监测耐药趋势

定期进行耐药性监测，掌握病原体对各类抗菌药物的耐药情况，为临床治疗提供参考。

三、治疗效果评估

（一）病原体载量监测

在治疗过程中，通过微生物检验技术监测病原体载量的变化，评估治疗效果。

（二）治疗方案调整

根据微生物检验结果，临床医生可以及时调整治疗方案，如更换抗菌药物或调整用药剂量。

四、医院感染监测

（一）医院感染情况监测

通过微生物检验技术监测医院内的感染情况，尤其是对耐药菌进行定期检查，帮助感控部门识别感染源，采取有效措施降低医院感染发生率。

（二）感染控制效果评价

评估感染控制措施的效果，如手卫生、环境消毒等，确保患者安全。

五、疾病监测与控制

（一）疾病暴发调查

在疾病暴发时，微生物检验技术可以迅速确定病原体，为流行病学调查和防控措施提供关键信息。

（二）流行趋势分析

通过长期监测特定病原体的流行情况，分析疾病流行趋势，为公共卫生政策制定提供数据支持，助力控制疾病暴发与流行。

（三）疫情防控

在突发传染病事件中，微生物检验技术用于快速诊断、隔离患者，防止疫情扩散。

第二章　临床微生物学基础

一、微生物的分类与命名

微生物种类繁多，依据细胞结构、遗传物质及生化特性等关键特征，可将其划分为多个类别。原核微生物包含细菌、放线菌、支原体、衣原体、立克次体、螺旋体等，真核微生物包含真菌、藻类及原生动物，非细胞型微生物则以病毒为代表。命名遵循国际命名法规，采用双名法，即属名在前，种名在后，用拉丁文书写，以确保微生物名称的准确性、唯一性和通用性。

二、细菌的形态、结构与生理特性

细菌的形态、结构和生理特性是其生存和适应环境的基础，也是医学微生物学研究的重要领域。

细菌是一类微小的单细胞微生物，其体形通常以 μm 为单位进行测量。在形态上，细菌展现出丰富的多样性，主要可分为球状（球菌）、杆状（杆菌）和螺旋状（螺旋菌）三种基本形态。这些形态上的差异不仅影响了细菌的生理功能，也对其在环境中的生存策略产生了重要影响。

细菌的基本结构包括细胞壁、细胞膜、细胞质和核质等部分。细胞壁是细菌最外层的结构，主要由肽聚糖组成，其成分和结构的差异，可以通过革兰氏染色法分为革兰氏阳性菌和革兰氏阴性菌。这种分类对于临床用药具有重要的指导意义，因为不同类型的细菌对不同类型的抗菌药物有不同的敏感性。

细菌的生理特性同样多样且独特。在营养需求方面，细菌可以根据其获取能量和营养物质的方式被分为自养菌和异养菌。在繁殖方式方面，细菌主要通过二分裂方式进行无性繁殖，这是一种高效且快速的繁殖方式，使细菌能够在适宜的环境中迅速增殖。

细菌的代谢途径也非常多样，它们能够通过不同的代谢途径产生多种代谢产物，如毒素、酶类、抗生素等。这些代谢产物不仅与细菌的致病性紧密相连，还为临床诊断提供了重要线索。例如，在临床上，可以通过检测细菌产生的特定酶来辅助疾病诊断。同时，抗生素的作用靶点多与细菌的结构和代谢途径相关，这为抗生素的开发和应用提供了理论基础。

三、真菌的生物学特性与分类

真菌是一类多样化的生物体，其生物学特性与分类表现出丰富的多样性。深入研究真菌的生物学特性与分类，不仅有助于理解其生态学和进化生物学，也为医学诊断和治疗提供了重要的科学依据。

相较于原核生物的细菌，真菌细胞具有更为复杂的结构，包括完整的细胞核和多种细胞器，如线粒体、内质网和高尔基体等。真菌的细胞壁主要成分是几丁质，这与细菌的肽聚糖细胞壁显著不同，赋予了真菌独特的生物学特性和生理功能。在形态上，真菌可以分为单细胞真菌和多细胞真菌。单细胞真菌，如酵母菌，通常呈现圆形或椭圆形；而多细胞真菌，如霉菌，则由许多相互连接的菌丝组成，形成复杂的菌丝体结构。

真菌的分类基于多种生物学特征，包括形态、繁殖方式、细胞壁成分等。根据这些特征，真菌被分为不同的门，如子囊菌门、担子菌门、接合菌门等。这些分类不仅有助于理解真菌的进化关系，也对其生态学和病理学研究具有重要意义。

真菌的繁殖主要通过产生孢子来进行。孢子是真菌的生殖结构，能够在适宜的条件下萌发成新的真菌体。真菌的生长速度相对较慢，对营养的要求不高，这使它们能够广泛分布于各种环境中，包括土壤、空气、水和生物体内外。

在医学上，部分真菌被认为是条件致病菌，能够在机体免疫功能低下时引起感染。这些真菌可以引起浅部感染，如皮肤癣菌病，也可以引起深部感染，如侵袭性肺真菌病。在医院环境中，侵袭性真菌感染的防治是临床面临的重要挑战之一，因为这些感染往往难以诊断和治疗，且具有较高的病死率。

四、病毒的结构、复制与致病机制

病毒是一类非常微小的微生物，它们与细胞生物的主要区别在于缺乏自主进行生命活动所需的细胞结构。简单病毒粒子主要由内部的核酸（DNA或RNA）和外部的蛋白质衣壳组成。这些核酸和蛋白质衣壳共同构成了病毒的核心结构，负责存储遗传信息和保护遗传物质。更为复杂的病毒还可能具有包膜结构，这种包膜通常来源于宿主细胞，并在病毒粒子释放过程中包裹在病毒衣壳外，有助于病毒在宿主环境中的存活和传播。

病毒的复制是一个高度依赖于宿主细胞的过程。首先，病毒粒子通过其表面的特定蛋白结构与宿主细胞表面的受体结合，这个过程称为吸附。随后，病毒通过穿入细胞的方式进入细胞内部，这一步骤的具体机制因病毒种类而异，可以是膜融合、内吞或其他方式。病毒一旦进入细胞，就会脱壳，释放出其核酸，进而利用宿主细胞的生物合成机制进行自身的复制和蛋白质合成。这个过程包括转录、翻译以及核酸的复制。最后，新合成的病毒成分在宿主细胞内装配成完整的病毒粒子，并通过出芽或细胞裂解的方式释放到细胞外，感染其他细胞。

病毒的致病机制多种多样，主要包括直接损伤宿主细胞和引发免疫病理反应。直接损伤宿主细胞通常导致细胞病变甚至死亡，影响组织的正常功能。免疫病理反应则涉及病毒感染后宿主免疫系统的过度反应，可能导致组织器官的损伤。不同病毒的致病特点差异显著，这给公共卫生安全带来了严重挑战。

因此，抗病毒治疗策略的设计需要针对病毒独特的复制周期和致病环节进行精准定位。这些策略可能包括抑制病毒与宿主细胞的吸附、阻止病毒穿入细胞、干扰病毒复制过程中的关键步骤，以及调节宿主免疫反应等。随着对病毒结构和复制机制研究的深入，抗病毒治疗的方法也在不断发展和完善。

五、其他微生物

（一）支原体

支原体是一类无细胞壁的原核微生物，以其微小体积和多形态性著称，它们是能够独立生活的最小微生物之一。由于缺乏细胞壁，支原体能够通过常规的细菌过滤器，并对那些作用于细胞壁的抗生素表现出天然耐药性，例如对青霉素不敏感。在医学上，支原体主要黏附于人类的呼吸道和泌尿生殖道上皮细胞表面，引发诸如肺炎和尿道炎等多种疾病。这些病原体通过其特殊的表面结构附着于宿主细胞，进而引发感染。

（二）衣原体

衣原体是一类具有独特发育周期的严格细胞内寄生的微生物。它们具有两种不同的形态：原体和始体。原体是衣原体的感染形态，它能够进入宿主细胞并转化为始体，始体则是衣原体的繁殖形态。衣原体能够引起多种疾病，包括沙眼、鹦鹉热和衣原体肺炎等。临床诊断衣原体感染通常依赖于核酸检测和血清学方法，这些方法能够检测患者体内衣原体的特定抗原或抗体。

（三）立克次体

立克次体是一类革兰氏阴性的球杆状细胞内寄生微生物，它们多数天然寄生于节肢动物体内，如蜱、螨、虱等。立克次体通过节肢动物的叮咬传播给人类，能够引发斑疹伤寒、恙虫病等严重疾病。感染后，患者常出现发热、皮疹、血管炎等症状。四环素类抗生素对立克次体感染有特效。由于立克次体与节肢动物存在共生关系，预防和控制立克次体病需要综合考虑媒介昆虫的控制措施和个人防护措施。

（四）螺旋体

螺旋体是一类细长、柔软、弯曲呈螺旋状的微生物，它们以其活跃的运动能力而著称。螺旋体根据其螺旋的数目、大小和规则程度等进行分类。部分螺旋体，如梅毒螺旋体，可引起性传播疾病梅毒，其病程复杂，能够累及全身多个系统。钩端螺旋体则可导致钩体病，主要通过皮肤黏膜接触含菌水体等途径传播，临床表现为发热、黄疸、出血等症状。青霉素对多数螺旋体感染有效，因此早期诊断和治疗对于改善患者的预后至关重要。

第三章　临床微生物检验标本的采集与处理

微生物学检验标本，是指用于临床细菌学检验、真菌学检验和病毒学检验的样本，这些检验技术包括涂片镜检、培养、抗原检测、抗体检测和分子技术等。这些标本可能来自人体的不同部位，如血液、尿液、粪便、分泌物、组织等，也可能来自环境样本，如水、空气等。

标本采集是临床微生物检验的起始环节，标本质量的好坏直接决定了检验结果的准确性，进而影响临床诊断与治疗决策。因此，在采集标本时，需要遵循一定的操作规范，以保证标本的代表性和避免污染。在保存和运输标本时，需要根据不同微生物的特点，选择合适的保存条件，并采取适当的运输方式，以保证标本中的微生物保持活性。我国卫生行业标准 WS/T 640、WS/T 503、WS/T 499、WS/T 348、WS/T 489 对标本采集与处理都有严格的要求。在选择标本类型时，需要综合考虑多种因素，包括患者的感染症状、免疫状态、疾病严重程度以及接受有创检查的风险；另外，还要考虑流行病学特征、可疑病原体的特性和播散能力，以及受累的器官和感染部位的具体情况。

第一节　临床微生物标本采集和转运基本要求

一、严格遵守无菌操作规范

无菌操作是指防止微生物进入人体、无菌物品和无菌区域的一系列操作。

日常工作中，采集、接种各类临床标本，以及对目标微生物进行血清学凝集、鉴定和药敏试验等操作时，需要进行无菌操作。

无菌操作技术要求具体如下。

（一）环境控制

在进行病原菌的分离、鉴定等操作时，应在二级生物安全柜中进行。操作区域应保持清洁、干燥，定期消毒，以降低污染的可能性。

（二）器材灭菌

接触培养标本的所有器材，包括标本容器、接种环、接种针等，要进行灭菌处理；用于微生物培养的各类培养基在使用前应保证无菌生长；用于增菌、稀释标本或调配菌液的液体必须灭菌处理，防止标本被污染以及避免交叉污染。

（三）人员操作规范

工作人员应严格遵守无菌操作规范，穿戴好个人防护装备。操作时，应避免直接用手触摸无菌器材的关键部位，如接种环的前端、培养皿的内表面等；打开容器挑取标本或培养物后，应尽量减少开口暴露的时间和面积，防止污染或交叉污染；用加样器和吸头从试管中吸取体液标本或菌液时，应注意加样器不可接触管壁；接种或转移标本时，动作要迅速、准确，防止标本溅出或滴落到周围环境中，确保整个操作过程的无菌性，从而保证微生物检验的准确性和可靠性，为临床诊断和治疗提供有力的支持。

二、临床微生物标本采集的一般原则

1. 应在疾病初发时、抗微生物药物治疗前采集首份标本，避免正常菌群可能造成的污染，以确保采集到反映感染病程的典型标本；在治疗中采集标本，评估治疗效果；在治疗后采集标本，评估治疗结局。

2. 建议临床多送检无菌部位标本。选择正确的解剖部位，采用适当的技术和器具来获取标本。

3. 在与外界相通的部位采集标本时，应采用恰当的方法对特定病原菌进行检验，同时避免非致病性定植菌群的污染。

4. 将标本放置在无菌、防漏容器中立即送检。

5. 标本采集须符合生物安全规定，不能将泄漏的标本容器送往实验室。

6. 标识正确且完整，标签应贴在容器上，不可贴在容器盖上。

三、标本采集量

1. 应采集足够量的标本用于细菌学检验，通常至少送检 0.5 mL 或 0.5 g，除非是特殊标本。若送检标本体积不足，及时与临床沟通，并根据医嘱选择优先检验项目。通常情况下，脑脊液标本 2~5 mL；胸腔积液 10 mL；腹水 10 mL；支气管肺泡灌洗液（bronchoalveolar lavage fluid，BALF）10~20 mL；脓液 2~5 mL；羊水、胆汁、关节穿刺液、心包液、滑膜液＞ 1 mL；腹透液 50 mL；眼前房液＞ 0.1 mL，玻璃体洗液＞ 1 mL。

2. 进行病毒学检验时，应采集足够量的标本，尤其是液体标本（如脑脊液和血液等），并严格遵循临床标准操作流程。推荐的标本体积：脑脊液 2~5 mL，血液 3~5 mL。

3. 对于常规真菌学检验，建议采集较大体积的标本。

四、标本运送

1. 标本采集后，应由经过培训的专人负责送检，减少运送环节，在规定时间内送到实验室，并尽可能缩短转运时间。

2. 细菌学检验标本，建议在 2 小时内送到实验室。如果转运时间超过 2 小时，需要使用转运培养基或在冷藏条件下转运，室温放置不能超过 24 小时；血培养标本不可冷藏转运。

3. 标本量较少的体液标本（＜ 1 mL）或组织标本（＜ 1 cm³）：最好在 30 分钟内送到实验室。大体积的标本或采集于保存培养基中的标本，可以保存 24 小时。

4. 真菌培养的标本宜在湿润条件下送检，但头发、皮肤和指甲需要在干燥条件下送检。

5.病毒学检测标本中，核酸检验标本采集后在 2~4 小时内送到实验室。血培养标本在室温下送检，其他标本在 2~8 ℃下送检；若标本运送时间超过 24 小时，须在 –70 ℃以下保存和转运。

6.标本进行多项微生物学检验时，如细菌、真菌、病毒和分枝杆菌等，应该分别采样或将标本分装至合适的容器中。

五、标本的接收

1.核对送检标本所粘贴的医嘱条码是否正确，医嘱信息是否准确。

2.检查医嘱条码单上患者的基本信息、标本类型和检验目的是否填写完整。

3.初步判断标本采集与运输是否符合要求。

4.收到标本应及时处理，有问题需要及时通知临床。

5.标本的让步接收。下述情况的标本虽然不完全符合要求，有可能影响检测结果，但考虑到获取不易，仍可进行检测，应注明可能的影响因素。

（1）脑脊液采用真空采血管收集送检。

（2）细菌涂片未用无菌管收集。

（3）胸腹水、心包液、关节液等无菌体液（血除外）采用真空采血管收集送检。

六、标本的拒收

1.凡有下列任何一项者，拒绝接收标本。

（1）标本容器错误，或没有用无菌容器盛装的培养标本。

（2）标本类型错误。

（3）标本渗漏。

（4）标本污染。

（5）标本量不够或空容器。

（6）送检延迟（超过规定时间）。

（7）无标签，或同一个标本贴有不同患者标签。

（8）厌氧培养未隔绝空气送检。

（9）标本质量不合格，痰标本做普通细菌培养。标本质量合格的判断标准：原始标本直接涂片革兰氏染色、镜检，鳞状上皮细胞＜ 10 个 / 低倍视野。

2. 对于不合格标本，应立即与临床联系，报告标本不合格的具体理由，通知临床重新采样送检。

3. 对于经过特殊处理的不合格标本，其检验结果报告应明确标注不合格因素以及对结果可能产生的影响。

七、标本的前处理

1. 血液标本、尿液标本等，需要充分混匀后检验。

2. 脑脊液标本涂片检查前处理。

（1）一般细菌涂片、真菌涂片：外观浑浊或脓样脑脊液可直接涂片；无色、透明的脑脊液，应以每分钟 3000 转离心 10~15 分钟后取沉渣涂片，自然干燥、固定后，革兰氏染色、镜检。

（2）结核分枝杆菌涂片：外观浑浊或脓样脑脊液可直接涂片；无色、透明的脑脊液，应以每分钟 3000 转离心 10~15 分钟后取沉渣涂片，自然干燥、固定后，抗酸染色、镜检。

（3）隐球菌涂片：取脑脊液的离心沉淀物涂片，墨汁负染色、镜检。

3. 体液标本涂片检查前处理。

（1）体液标本是指除血液、骨髓和脑脊液外的心包液、关节液、胸腔积液、腹水、羊膜液、胆汁、后穹隆穿刺液等。

（2）涂片检查：脓性标本可直接涂片，清亮标本先以每分钟 3000 转离心 15 分钟，取沉淀物涂片、革兰氏染色、抗酸染色、镜检。

4. 痰标本前处理。痰标本均质化：向痰标本中加入等量消化液，在 35 ℃条件下作用 10~20 分钟，待痰液均质化后涂片革兰氏染色和接种。

5. 组织标本前处理。在手工研磨器里采用机械研磨释放菌体，吸取混悬液制备涂片，并接种合适的培养基。怀疑接合菌感染时，标本不宜研磨，宜剪成小块。

6. 标本保存。检验后做标本保存时，要做好清晰标识以备复查，标本应保存在冰箱，无菌标本建议至少要保存 5 天，非无菌标本一般保存 1~2 天。按照标本类型进行分类保存，可以为每种类型的标本设置固定的保存位置，并在冰箱内贴上明显的标签。

7. 所有标本和废弃的培养基、加样枪头、试管、测试卡、板条等具有生物危害的物质必须进行高压蒸汽灭菌处理。

第二节　临床常见标本的采集与注意事项

一、血液和骨髓培养标本

（一）标本采集

1. 采血时间。抗菌药物治疗前或抗菌药物浓度处于波谷时，寒战和发热高峰 30~60 分钟内采血。

2. 采血次数。怀疑菌血症时，同时在不同部位采集 2~3 套，1 套对应 1 个穿刺点（1 个需氧瓶和 1 个厌氧瓶，儿童送检 2 个儿童需氧瓶）。感染性心内膜炎和真菌血症应多次采集。新生儿科可送检单个儿童需氧瓶。

3. 采血量。成人 5~10 mL/ 瓶，婴幼儿及儿童 1~4 mL/ 瓶。

4. 骨髓标本。用骨髓穿刺针从髂骨采集。

5. 骨髓采集量。1~2 mL。

6. 血培养标本采集方法。

（1）皮肤消毒一步法：用 0.5% 葡萄糖酸洗必泰作用 30 秒（不适用于 2 个月以内的新生儿），或用 70% 异丙醇消毒后自然干燥（适用于 2 个月以内的新生儿）。需要注意穿刺点消毒后不可再碰触。

（2）皮肤消毒三步法：第一步是用 75% 乙醇擦拭静脉穿刺部位，待干

30 秒以上；第二步是用 1%~2% 碘酊作用 30 秒或 1% 碘伏作用 60 秒，从穿刺点向外划圈消毒至消毒区域直径达 3 cm 以上；第三步是用 75% 乙醇脱碘。对碘过敏者，在第一步基础上用 75% 乙醇消毒 60 秒，待乙醇挥发干燥后采血。

（3）培养瓶消毒：用 75% 乙醇消毒培养瓶橡皮塞并干燥，将采集的血液标本注入瓶中，轻轻颠倒混匀，以防血液凝固。

（二）标本运送及保存

采集标本后立即送到实验室，如不能及时送到实验室，应在室温下保存，切勿放入冰箱保存。

（三）标本拒收

1. 培养瓶上无条码，无信息。

2. 用过期培养瓶采集标本，采血量不足。

3. 培养瓶破裂、渗漏、明显污染、血液凝固等。

4. 血培养标本采集后冷藏保存。

（四）注意事项

1. 应尽可能抽取患者静脉血，不宜从静脉导管或静脉留置口取血。

2. 同时做需氧和厌氧培养时，蝶形针采血应先将标本注入需氧瓶中，然后再注入厌氧瓶，标本采集量不足时应先满足需氧瓶，然后将剩余的血液接种入厌氧瓶。若用注射器采集血液，采血量充足时，先注入厌氧瓶，后注入需氧瓶；采血量不足时，优先注入厌氧瓶。

3. 怀疑导管相关性菌血症时，需要经外周静脉穿刺采集 2 套血培养标本，从导管中心或静脉留置口隔膜采集 1 套血培养标本，同时做血管内导管尖端半定量或定量培养。

4. 标本采集后应立即送至实验室，如遇特殊情况不能送检，应将培养瓶置于室温下，切勿放入冰箱，放置时间不应超过 2 小时。

5. 通常将单次血培养生长革兰氏阳性芽孢杆菌属、棒状杆菌属、痤疮丙酸杆菌或凝固酶阴性葡萄球菌的标本视为污染。污染菌通常不需要做药敏试验，但应向临床报告和沟通。

6.如不同部位采集的2瓶培养瓶出现1瓶阳性、1瓶阴性，或出现2瓶阳性，但检测结果均为凝固酶阴性葡萄球菌，此时应向临床报告和沟通。

二、脑脊液标本

（一）标本采集

1.临床医生进行无菌腰椎穿刺采集，抽取脑脊液5~10 mL（最小标本量要求：细菌≥1 mL，真菌≥2 mL，分枝杆菌≥5 mL，病毒≥2 mL）盛于无菌容器中送检。脑膜炎奈瑟菌离体后产生自溶酶，迅速自溶，肺炎链球菌、流感嗜血杆菌离体后也易死亡,因此,脑脊液无论涂片或培养,采集后必须立即送检。

2.采集的脑脊液标本，第一管脑脊液用于生化检验，第二管用于微生物学检验，第三管用于细胞学检验、分子核酸检验等，分别放入3个无菌螺帽管中，做好标本标记，并标清顺序。

（二）标本运送及保存

标本采集后应立即送到实验室（最好在15分钟内），不能及时送检的可放置室温保存，放置时间不应超过2小时，切勿冷藏，否则影响检出率。冬天应注意保温送检。

（三）涂片检查

1.一般细菌涂片、真菌涂片。外观浑浊或脓样脑脊液可直接涂片；无色、透明的脑脊液，应以每分钟3000转离心10~15分钟后取沉渣涂片，自然干燥、固定后，革兰氏染色、镜检。

2.结核分枝杆菌涂片。外观浑浊或脓样脑脊液可直接涂片，无色、透明的脑脊液，应以每分钟3000转离心10~15分钟后取沉渣涂片，自然干燥、固定后，抗酸染色、镜检。

3.隐球菌涂片。取脑脊液的离心沉淀物涂片，墨汁负染色、镜检。

（四）标本拒收和让步接收

1.标本容器上无条码、无信息者拒收。

2.由于脑脊液的采集为侵入性操作，不易重复取材送检，标本不合格时（延迟送检、标本量过少），及时与临床医生联系，选择重要的检验项目让步接收。

3.对于不能让步接收的不合格标本，应通知临床。

三、呼吸系统标本

（一）标本类型

呼吸系统标本包括痰、咽拭子、支气管肺泡灌洗液、支气管冲洗液或毛刷、肺穿刺活检标本。

（二）标本采集

1.采集时间。应用抗菌药物之前采集，以晨痰为佳。对于支气管扩张症患者，清晨起床后进行体位引流，可采集大量痰标本。

2.采集方法。合格的标本采集是取得正确检验结果的关键。

（1）自然咳痰法：在留取痰之前，用清水反复漱口，从气管深部咳出痰，吐到无菌容器内。

（2）支气管镜采集法：在病灶附近用导管吸或用支气管刷直接取得标本。

（3）人工气道采痰法：通过气管切口插管，负压吸引取得痰液，可用于厌氧菌培养。

（4）咽拭子采集法：用无菌棉拭子轻轻擦拭患者鼻咽部黏膜，留取标本置于无菌试管内送检。

（三）标本运送和保存

1.标本采集后应立即送检，放置时间不应超过2小时，不及时送检可导致肺炎链球菌、流感嗜血杆菌等苛养菌死亡。

2.延迟送检标本应置于4℃冰箱保存（疑为肺炎链球菌感染、流感嗜血杆菌等苛养菌感染标本不能冷藏），以免杂菌生长，保存时间不能超过 24 小时。

（四）标本拒收

1. 标本容器上无条码，无信息。

2. 未用无菌容器留存标本，标本放置时间超过 2 小时。

3. 痰标本质量不合格，呈水样或唾液样。痰涂片革兰氏染色、镜检，鳞状上皮细胞＞ 25/ 低倍视野。

4. 标本容器溢漏，无瓶盖。

5. 厌氧培养标本。

6. 对不合格标本注明不合格原因。

四、尿液标本

（一）标本采集

1. 清洁中段尿采集法。最好留取早晨清洁中段尿液标本，嘱咐患者睡前少饮水；清晨起床后，用肥皂水清洗会阴部，女性应用手分开大阴唇，男性应用手翻上包皮，仔细清洗，再用清水冲洗尿道口周围；开始排尿，将前段尿排去，留取中段尿 10~20 mL 直接排入专用的无菌容器。

2. 耻骨上联合穿刺法。使用无菌注射器直接从耻骨上经皮肤消毒穿入膀胱吸取尿液。耻骨上联合穿刺法是评估膀胱内细菌感染的"金标准"，但会带来一定的痛苦，患者难以接受。主要用于厌氧菌培养或留取标本困难的婴儿尿液标本的采集。

3. 膀胱导尿法。按常规方法对会阴局部进行消毒后，用导尿管直接经尿道插入膀胱，弃去刚开始导出的 15~30 mL 尿液后再收集培养的尿液，可减少尿液标本污染，准确反映膀胱感染情况。但有可能将下尿道细菌引入膀胱，导致继发感染，一般不提倡使用。

4. 留置导尿管收集尿液。利用留置导尿管采集标本时，应先消毒导尿管外部，按无菌操作方法用注射器穿刺导尿管吸取尿液，操作时应防止混入消毒剂，注意不能从尿液收集袋中采集尿液。

5. 标本采集量。10~15 mL。

6. 采集容器。用螺旋盖广口无菌杯采集尿液标本。

（二）标本运送及保存

标本采集后应立即送检和接种，室温下存放时间不超过 2 小时（夏季保存时间应适当缩短或冷藏保存），4~8 ℃冷藏保存时间不超过 24 小时。需要注意冷藏保存的标本不能用于淋病奈瑟球菌培养。

（三）标本拒收

1. 标本容器上无条码，无信息。

2. 标本漏洒。

3. 标本送检时间在采集后超过 2 小时且没有冷藏。

4. 除耻骨上联合穿刺采集的标本外申请做厌氧菌培养的尿液。

5. 来自导尿患者尿袋中的标本，要求重新留取标本。

五、粪便标本

（一）标本采集

1. 自然排便采集。自然排便后挑取脓血、黏液部分 2~3 g，液体粪便取絮状物 2~3 mL，盛于灭菌容器内，立即送检。

2. 直肠拭子采集。如不易获得粪便，或患者排便困难，可通过直肠拭子采集，即将无菌棉拭子用保存液或生理盐水湿润后，插入肛门内 4~5 cm 轻轻转动后取出，插入无菌容器送检。

（二）标本运送及保存

采集后在室温下 1 小时内送检。

（三）标本拒收

1. 标本放置时间超过 2 小时。

2. 粪便标本混有尿液。

3. 直肠拭子已干燥。

4. 若申请的检验项目包含厌氧培养，粪便标本必须使用专用运输培养基，否则将被拒收。

（四）注意事项

1. 对于肠炎和发热患者，建议临床同时送检血培养。

2. 对于 65 岁以上且有基础疾病、免疫力极度低下的腹泻患者，以及疑似院内暴发感染时，可连续 3 天送检标本。

3. 不可用直肠拭子检测艰难梭菌毒素。

六、体液标本

（一）标本类型

体液标本是指除血液、骨髓和脑脊液外的心包液、关节液、胸腔积液、腹水、羊膜液、后穹隆穿刺液等。

（二）标本采集

采用无菌方法采集体内可疑部位的液体 10 mL，注入无菌试管；或抽取穿刺液 2~5 mL，注入培养瓶，混匀，立即送检。如怀疑厌氧菌感染，应做床边接种或厌氧瓶接种。

（三）标本运送及保存

标本采集后应立即送至实验室，如不能及时送检，可置于室温保存 2 小时，真菌培养须 4 ℃冷藏保存。

（四）标本拒收

1. 标本容器上无条码，无信息。

2. 标本不是无菌留取，标本容器不符合要求。

七、导管标本

（一）标本采集

1.用乙醇清洗导管周围的皮肤。

2.将导管末端 5 cm 无菌移入无菌容器。

（二）标本运送

标本应在室温下 15 分钟内送达实验室，若不能立即运送，应置于 4 ℃冷藏保存，24 小时内送达实验室。

（三）标本验收

1.检查标本是否置于无菌容器中。

2.检查盛标本的容器的标签与申请单是否相符。

八、脓液及创伤标本

（一）标本采集

1.穿刺采集。对于闭合性脓肿，抽吸脓肿壁，无菌置入厌氧运送系统；对于开放性伤口，尽量抽吸深部脓液运送。抽吸前用生理盐水或 70% 乙醇擦去表面分泌物，避免污染。标本最好每天采集 1 次，每次采集 ≥ 1 mL。

2.拭子采集。拭子采集含标本量少且易被污染，应尽量避免使用。若必须使用拭子采集，采集前用生理盐水或 70% 乙醇擦去表面分泌物，避免污染。用拭子进入伤口，在新生组织边缘用力擦拭，采集 2 份，分别做培养及革兰氏染色。

（二）标本运送

1.脓液或厌氧运送系统，室温下 2 小时内，最长不超过 24 小时送达实验室。

2.拭子采集，室温下 2 小时内，最长不超过 24 小时送达实验室。

（三）标本验收

1.检查培养瓶或盛标本的容器是否有渗漏、破裂或明显污染。

2.检查培养瓶或盛标本的容器的标签与申请单是否相符。

3.检查标本是否适量，并在申请单上注明。

（四）不合格标本的处理

1.拒收。培养瓶或盛标本的容器标识与申请单不符，培养瓶或盛标本的容器破裂或明显污染。立即与临床医生联系，报告拒收的具体理由。

2.补做培养。立即与临床医生联系，如条件允许，报告标本不合格的具体理由，建议补做培养。

九、组织标本

表浅的组织和窦道标本可通过棉拭子、穿刺抽取或手术切除采集。深部组织标本可在手术中采集，或抽取分泌物送检。标本置于无菌容器中，加少量生理盐水保湿，或置于肉汤培养基中送检。

（一）标本采集

临床医生无菌采集足够量的组织标本，立即送检。微生物学检验所需的组织标本量≥ 1 cm^3。

（二）标本运送及保存

1.组织标本放入加有 2 mL 生理盐水的无菌容器运输；特别小块的组织可以先包裹在润湿的无菌纱布里，再放入无菌容器送检。

2.组织厌氧培养可以床旁接种于厌氧血平板，放入厌氧袋运送；大块组织标本可直接用于厌氧培养。

（三）注意事项

组织标本通常在手术中获取，采集不易，须谨慎处理。

十、生殖道标本

（一）标本类型

生殖道标本包括宫颈拭子、阴道拭子、尿道分泌物、前列腺液、精液等。

（二）标本采集

1.针对女性患者，由临床医生用无菌棉拭子采集阴道分泌物、宫颈分泌物。

2.针对男性患者，由临床医生采集尿道口脓性分泌物。

（三）标本运送和保存

1.标本采集后应及时送检和接种，室温下标本送至实验室的时间不得超过2小时。标本的转运条件和时间应不影响细菌的活力和相对比例。采集的标本，尤其是拭子，应即刻置于合适的运送培养基中运送。下生殖道标本应置于运送培养基中运送。置于转运培养基的拭子可在 2~8 ℃条件下存放过夜。

2.建议对淋病奈瑟球菌培养进行床边即刻接种，接种于选择性培养基中，并置于 $5\%CO_2$ 环境培养。如果在酷热或寒冷的条件下转运，则应注意保温或隔热；如果转运距离较远，则应先孵育 18~24 小时再转运，但转运应在 48 小时内完成。

（四）标本拒收

1.标本容器上无条码，无信息。

2.对于送检容器不合格、送检时间在采集后超过 2 小时的标本，要求重新留取标本。

十一、眼部标本

（一）标本采集（由眼科专业人员采集）

1.结膜标本。

（1）刮片：表面麻醉，翻转眼睑，暴露睑结膜，以消毒刮刀或虹膜恢复器垂直睑结膜面，轻轻刮取结膜上皮细胞层。可在不同部位刮取，但不要在同一部位反复刮取。

（2）结膜囊标本：无菌操作，用浸有生理盐水的消毒拭子进行采集。从内眦部开始，由内向外旋转轻拭下方结膜囊和下睑结膜表面（注意内眦部）。采集后立即接种培养基或转运。接种后制备涂片，将拭子在载玻片上自内而外滚动，涂成近圆形。

2. 角膜标本。刮片：表面麻醉，用手或开睑器分开眼睑，令眼球固定不动或用固定镊固定，用消毒刮刀或虹膜恢复器取 45° 角刮取角膜溃疡边缘或进行缘，切勿刮取角膜溃疡的基底部。如怀疑真菌感染，可刮取基底部，但不宜过深。

3. 泪囊标本。用无菌棉签轻压下睑鼻侧部分（泪囊区），并向泪小点方向推挤，同时用浸过肉汤的拭子擦取泪小点溢出的脓性分泌物，而后将拭子插入运送管，2 小时内送检。

4. 眼分泌物。眼标本的采集应在确保安全的前提下，从被感染的位置收集脓液和分泌物作为标本。在采集过程中，应严格执行无菌操作，用稍蘸肉汤的紧细拭子采集病变明显处的脓性分泌物或排出物。

（二）标本运送

建议临床医生采样后及时在床旁直接接种于培养基或制备涂片。所有标本采集后应迅速送至实验室。

（三）注意事项

1. 怀疑淋病奈瑟球菌感染时，应在患者床旁留取标本后直接接种于相关培养基并立即置于培养箱，运送时间要尽可能短。

2. 标本采集后均应注明标本来源，如左眼或右眼、结膜或角膜等。

3. 标本应尽可能在感染早期和使用抗生素处理前留取。

十二、耳标本

（一）标本采集

1.中耳标本。鼓膜完整时用肥皂水清洁耳道，用注射器抽取中耳内液体。若鼓膜穿孔，用软杆拭子采样做需氧培养。

2.外耳道。除去外耳道分泌物后，用新拭子用力旋转取样。

（二）标本运送

采样后室温下 2 小时内送检。

（三）注意事项

中耳渗出液应直接涂片并革兰氏染色，有助于临床诊断。

第四章 临床微生物检验的传统技术方法

第一节 微生物涂片染色技术及其结果判读

一、革兰氏染色

（一）原理

1.革兰氏阳性菌细胞壁结构较致密，肽聚糖层厚，脂质含量少，乙醇不易渗入；革兰氏阴性菌细胞壁结构疏松，肽聚糖层薄，含大量脂质，乙醇易渗入。

2.革兰氏阳性菌等电点（pH 值 2~3）比革兰氏阴性菌（pH 值 4~5）低，在 pH 值相同的条件下，革兰氏阳性菌所带负电荷比革兰氏阴性菌多，故与带正电荷的结晶紫染料结合较牢固，不易脱色。

3.革兰氏阳性菌含大量核糖核酸镁盐，可与碘、结晶紫牢固结合，使已着色的细菌不被乙醇脱色；革兰氏阴性菌含少量核糖核酸镁盐，故易脱色。

（二）涂片制备

1.涂片。用接种环或接种针从肉汤增菌液、半固体斜面或平板上挑取适量菌液、菌苔或菌落于洁净玻片上（固体菌种先加 1 小滴或 1 环生理盐水于玻片上），将挑取的增菌液直接涂布于玻片上（菌苔或菌落均匀涂布于生理盐水中），涂片要薄而均匀。临床标本如脓、痰、分泌物等可直接涂片。

2. 干燥。载玻片涂菌面向上，放在烤片机上干燥。

3. 固定。涂片干燥后，在酒精灯火焰上迅速通过 3 次（涂菌面向上），加热固定（温度不可过高）。固定的目的一是杀死细菌，使细菌易于着色；二是使细菌附着于玻片上，不易被水冲掉。

（三）革兰氏染色（改良快速法）步骤

1. 初染。滴加龙胆紫染液覆盖菌膜，染色 10 秒后用细流水冲洗，甩干。

2. 媒染。滴加碘溶液数滴，染色 10 秒后用细流水冲洗，甩干。

3. 脱色。滴加脱色液数滴，轻轻晃动玻片至无紫色脱出为止，大约 10~20 秒（灵活掌握时间），用细流水冲洗，甩干。

4. 复染。滴加沙黄溶液，染色 10 秒，用细流水冲洗，甩干。

5. 待标本片自然干燥或用吸水纸吸干后，在菌膜处滴 1 滴高级油镜油，用油镜观察。

（四）结果及报告方式

1. 镜检结果。革兰氏阳性菌呈紫色，革兰氏阴性菌呈红色。

2. 报告方式。找到革兰氏阴性和（或）阳性球菌和（或）杆菌（排列情况，形似某菌）。

（五）质量控制

每周用金黄色葡萄球菌 ATCC 25923、大肠埃希菌 ATCC 25922 制备涂片，革兰氏染液监测。质控预期结果：金黄色葡萄球菌呈紫色球菌，大肠埃希菌呈红色杆菌，表示质控合格。

（六）注意事项

1. 染色的结果常受操作者技术影响，尤其是容易过度脱色，往往革兰氏阳性菌染成革兰氏阴性菌。

2. 染色关键在于涂片和脱色，涂片不宜过厚，固定不宜过热，脱色不宜过度。

3. 菌龄以培养 18~24 小时为佳。

（七）临床意义

1. 革兰氏染色将细菌初步分为革兰氏阳性菌与革兰氏阴性菌两大类，可初步鉴别细菌。

2. 与致病性的关系，大多数革兰氏阳性菌的致病物质主要为外毒素，而大多数革兰氏阴性菌的致病物质主要为内毒素。

3. 抗菌药物的选择，革兰氏阳性菌与革兰氏阴性菌在细胞壁等结构上有很大差别，因而对抗菌药物的敏感性不一，可供临床在选用抗菌药物时参考。

二、抗酸染色

（一）原理

1. 姜 – 尼氏抗酸染色法。

（1）分枝杆菌的细胞壁内含有大量的脂质，包围在肽聚糖的外面，所以分枝杆菌一般不易着色，要经过加热和延长染色时间来促使其着色。但分枝杆菌中的分枝菌酸与染料结合后，就很难被酸性脱色剂脱色，故名抗酸染色。

（2）姜 – 尼氏抗酸染色法是在加热条件下使分枝菌酸与石炭酸复红牢固结合成复合物，用盐酸乙醇处理也不脱色。当再加碱性美兰复染后，分枝杆菌仍然为红色，而其他细菌及背景中的物质为蓝色。

2. 荧光染色法。由于抗酸杆菌的细胞壁中含有脂质成分，常规的染色方法不能使其着色。荧光染色法所使用的石炭酸可以溶解细胞壁中的脂质成分，金胺 O– 罗丹明能够渗透细胞使其着色，被金胺 O– 罗丹明着色的细胞壁不会被酸性乙醇脱色，适用于抗酸杆菌染色。

（二）标本来源

痰、尿液、脑脊液、穿刺液、脓液等。

（三）涂片制备（在生物安全柜内完成制片工作）

1. 取清晨痰标本，选择干酪样或脓性部分，涂布于载玻片中央处约

20 mm×15 mm 大小，自然干燥或放置于自动烤片机干燥，打开生物安全柜紫外线灯照射 60 分钟，固定待染。

2.脑脊液、胸腔积液、腹水等液体标本，经离心沉淀后，取沉淀物涂片、干燥、固定后待染。

3.脓性分泌物或较为黏稠的标本，直接涂片，自然干燥，固定待染。

（四）染色步骤

1.萋 – 尼氏抗酸染色法。

（1）滴加苯酚复红溶液覆盖标本，加热染色 5 分钟，水洗。

（2）酸性乙醇溶液脱色 2 分钟，水洗。若标本表面还可看到残存红色，再加酸性乙醇溶液脱色 1 次。

（3）加亚甲基蓝溶液染 30 秒，水洗，自然干燥。

2.荧光染色法。

（1）滴加金胺 O– 罗丹明试剂，染色 6 分钟，水洗。

（2）酸性乙醇溶液脱色 2 分钟，水洗。若标本表面还可看到残存红色，再加酸性乙醇溶液脱色 1 次。

（3）加亚甲基蓝溶液染 30 秒，水洗，自然干燥。

（五）镜检结果

1.萋 – 尼氏抗酸染色法。干燥后用油镜镜检，仔细观察 300 个视野，抗酸杆菌呈红色杆状，其他细菌及细胞呈蓝色。

2.荧光染色法。干燥后用荧光显微镜镜检，先用 20 倍物镜镜检，发现疑为抗酸杆菌的荧光杆状时，再用 40 倍物镜确认。在暗背景下，抗酸杆菌显示为亮黄色荧光，杆状略弯曲，其他微生物和背景显示为黑色。

（六）报告方式

1.萋 – 尼氏抗酸染色法镜检结果分级报告标准。

（1）阴性报告：连续观察 300 个不同视野，未找到抗酸杆菌。

（2）阳性报告：

①找到抗酸杆菌 1~8 条 /300 个视野。

②找到抗酸杆菌（1+）：表示 100 个视野找到 3~9 条抗酸杆菌。

③找到抗酸杆菌（2+）：表示 10 个视野找到 1~9 条抗酸杆菌。

④找到抗酸杆菌（3+）：表示每个视野找到 1~9 条抗酸杆菌。

⑤找到抗酸杆菌（4+）：表示每个视野找到 ≥ 10 条抗酸杆菌。

（3）注意事项：报告 1+ 时，至少观察 300 个视野；报告 2+ 时，至少观察 100 个视野；报告 3+ 或 4+ 时，至少观察 50 个视野。

2.荧光染色法镜检结果分级报告标准。

（1）阴性报告：连续观察 50 个不同视野，未找到抗酸杆菌。

（2）阳性报告：

①找到抗酸杆菌 1~9 条 /50 个视野。

②找到抗酸杆菌（1+）：表示 50 个视野找到 10~49 条抗酸杆菌。

③找到抗酸杆菌（2+）：表示每个视野找到 1~9 条抗酸杆菌。

④找到抗酸杆菌（3+）：表示每个视野找到 10~99 条抗酸杆菌。

⑤找到抗酸杆菌（4+）：表示每个视野找到 ≥ 100 条抗酸杆菌。

（3）注意事项：报告 2+ 时，至少观察 50 个视野；报告 3+ 或 4+ 时，至少观察 20 个视野。

（七）质量控制

每周用商品化分枝杆菌质控玻片监测抗酸染液。质控预期结果：荧光染色法镜检分枝杆菌呈亮黄色荧光杆菌，萋 – 尼氏抗酸染色法镜检分枝杆菌呈红色杆菌，表示质控合格。

（八）注意事项

1.每张玻片只能涂一份标本，禁止将两份或两份以上的标本涂在同一张载玻片上，以免染色过程中因冲洗使菌体脱落，造成阴性、阳性结果混淆。

2.脱色时间需要根据涂片厚薄而定，厚片可适当延长，以无红色脱出为止。

3.冬季室温过低时，染色时间要适当延长。

4. 有时同一个抗酸菌体上，红色深浅亦有不同，观察时应注意。

5. 每次试剂用完后，请迅速盖好，以免挥发。试剂盒贮存时，尽量避免高温、低温环境及阳光直射。

（九）临床意义

分枝杆菌属（结核分枝杆菌、麻风分枝杆菌、非典型分枝杆菌）、放线菌抗酸染色阳性。

三、墨汁染色

（一）原理

墨汁染色是一种负染色法，利用隐球菌有较厚的荚膜且荚膜不易着色的特性，将标本的背景用墨汁着色，观察标本中的菌体有无荚膜结构，从而检测隐球菌。

（二）试剂

印度墨汁。

（三）检测方法

1. 首先观察脑脊液标本的颜色和透明度是否异常，记录外观、性状。

2. 外观浑浊或脓样脑脊液可直接涂片。

3. 无色、透明的脑脊液，应在每分钟 3000 转离心 10~15 分钟后，取沉淀物涂片。

4. 将待检脑脊液标本离心后，弃掉上清液，取 2~3 环沉渣与 1 环墨汁在载玻片上混合，加上盖玻片轻压一下，使标本混合液变薄制成湿片。

5. 将湿片放于显微镜上，先在低倍镜下寻找有荚膜的真菌不着色点，找到后转换到高倍镜下确认。

（四）结果及报告方式

1. 镜检结果。如果在视野中（黑色背景下），看到有圆形或椭圆形的透明菌体，周围有一较宽的折光性很强的空白带即荚膜（其厚度是菌体的 1~3 倍），菌细胞常有出芽，但无菌丝或假菌丝，为阳性结果。阳性结果应报告危急值。

2. 报告方式。

（1）墨汁染色：找到隐球菌。

（3）墨汁染色：未找到隐球菌。

（五）临床意义

新型隐球菌首先经呼吸道侵入体内，再经血液传播至脑及脑膜，引起慢性脑膜炎，也可侵犯皮肤、骨和心脏等部位。

四、乳酸酚棉蓝染色

（一）原理

真菌的孢子因细胞壁特殊而难被染料着色，在染液中加入乳酸、苯酚可促使染料进入细胞壁，实现着色。

（二）试剂

乳酸酚棉蓝染液。

（三）操作步骤

1. 涂片。载玻片编号，于载玻片中央滴加 2~3 滴乳酸酚棉蓝染色液。

2. 用灭菌接种环或牙签等挑取粉末状的真菌菌落，放于载玻片上的乳酸酚棉蓝染色液中，混匀。

3. 加盖洁净的盖玻片，轻轻按压制成压片。

4. 用光学显微镜在低倍镜、高倍镜或油镜下观察真菌形态。

（四）质量控制

烟曲霉菌：孢子与菌丝均着蓝色，背景色淡。

（五）结果判断

真菌（尤其是烟曲霉菌）的孢子与菌丝呈蓝色，背景呈淡蓝色。

（六）注意事项

1.涂片之前，应事先在背面做好圆圈标记，以便判断后续试验的位置。

2.取真菌时，应注意自我防护。

3.待检真菌培养时间也会影响染色效果，阳性菌培养时间过长、已死亡或细菌溶解，都常呈阴性反应。

（七）临床意义

乳酸酚棉蓝染色是鉴别真菌菌丝、孢子形态的重要依据。

第二节　微生物培养技术与培养基的选择

实验室收到临床微生物标本后应尽快接种。标本接种应在二级生物安全柜中进行，接种时要注意无菌操作，防止样本污染。

一、微生物常用的接种技术

（一）平板划线法

平板划线法主要分为连续划线法和分区划线法。

1.连续划线法是从平板的一端开始，连续不间断地划曲线至平板的另一端，使菌体在平板上均匀分布。

2.分区划线法是将平板分三区（或四区）划线，先在第一区进行划线，然后将接种环灼烧灭菌，冷却后再在第二区划线，后面一区划线的起始处与前面一区的划线有所重叠，以获得单个菌落。

3. 在划线过程中，要注意接种环与平板表面的角度，防止空气或环境中的微生物落入平板；力度适中，避免划破培养基；同时保证线条清晰、间隔适当，便于菌落的分离和观察。

（二）液体接种法

液体接种法是将微生物接种到液体培养基中，以进行增菌培养或研究微生物在液体环境中的生长特性。接种至液体培养基或培养瓶的标本要与培养液混匀。

（三）滚动接种法

滚动接种法是将静脉导管标本在血平板上来回滚动 4 次。

（四）自动化接种仪接种法

采用自动化接种仪进行接种时，需要提前对痰、粪便等黏稠标本进行液化处理；导管、组织块及低于接种仪器取得量的脑脊液等液体标本不宜进行自动化接种。

（五）点种法

点种法是将菌种以单点或多点形式接种至平板，各点之间要保持一定的距离，避免相互干扰或污染。需要注意：同一块平板上仅点种来自同一患者的标本。

（六）尿液标本定量培养

使用 1 μL 或 10 μL 定量接种环，取混匀但未离心的尿液标本，将其接种在血平板上进行定量培养；注意接种时在血平板、巧克力平板、麦康凯平板上不可重复划线，避免菌落重叠导致计数不准。接种好的平板放入含 5%~10% CO_2 的培养箱，（35±2）℃培养 24 小时，观察并进行菌落计数。若无菌生长，应继续培养至 48 小时观察并计数，报告计数单位为"CFU/mL"。

（七）支气管肺泡灌洗液定量培养

将支气管肺泡灌洗液振荡混匀，用定量接种环接种，将接种好的血平板和巧克力平板放入含 5%~10% CO_2 的培养箱，（35 ± 2）℃培养，24 小时后，观察并进行菌落计数。若无菌生长，应继续培养至 48 小时或更长时间后观察并计数，报告计数单位为"CFU/mL"。

二、初次分离用培养基及接种技术

针对不同的微生物检验项目和标本类型，应选择适当的初次分离用培养基。

（一）细菌需氧培养

1.血液标本。采用穿刺方式采集到血培养瓶中，儿童患者需要用儿童专用培养瓶。

2.呼吸道标本（如痰、气管及支气管吸取物等）。分区划线至血平板、巧克力平板、麦康凯平板，对支气管肺泡灌洗液宜进行定量接种培养。

3.尿液标本。分区划线至血平板、麦康凯平板，进行定量培养的尿液标本需要接种至血平板。

4.粪便标本。可根据目标致病菌选用不同的培养基。通常分区划线至 SS 平板、麦康凯平板、血平板。霍乱弧菌培养，可将粪便标本按液体接种法接种至碱性蛋白胨水，或按平板划线法接种至硫代硫酸盐柠檬酸盐胆盐蔗糖琼脂培养基。

5.组织标本和穿刺液标本（如脑脊液、胸腔积液、腹水、心包积液、关节液等）。依标本量可接种至血平板、巧克力平板、增菌肉汤或血培养瓶。

6.导管标本。取长度 5 cm 的导管，在血平板上来回滚动 4 次。

7.生殖道标本、分泌物标本和脓液标本。分区划线至血平板、巧克力平板、麦康凯平板。

（二）真菌培养

1.血液标本。采用穿刺方式采集到需氧血培养瓶或真菌瓶中。

2.穿刺液标本（如脑脊液、胸腔积液、腹水、心包积液、关节液等）。依标本量可接种至沙保罗平板、念珠菌显色平板或培养瓶。

3.其他标本。分区划线至沙保罗平板、念珠菌显色平板。

（三）厌氧菌培养

分区划线以获得单个菌落。需氧和厌氧血平板分别放于需氧和厌氧环境培养。

（四）分枝杆菌培养

接种至分枝杆菌液体培养基、罗氏固体培养基。痰标本需要经液化、去污染处理后接种，尿液、脑脊液标本等需要离心后接种。将抽取的血液标本注入分枝杆菌血培养瓶。

三、微生物培养方式

（一）需氧菌培养

需氧菌培养是微生物培养中常见的类型。在培养过程中，需要将接种了需氧菌的各种营养培养基（如血平板、巧克力平板等）、肉汤等置于空气或含 $5\%\sim10\%$ CO_2 的气体环境中，（35 ± 2）℃培养 18~24 小时，在固体培养基上形成肉眼可见的菌落，其形态、大小、颜色、边缘特征等可作为初步鉴定的依据。在液体培养基中，需氧菌会使培养液变浑浊，或产生沉淀、菌膜等，可通过进一步的生化试验、药敏试验等对需氧菌进行鉴定和特性分析。

（二）苛养菌培养

苛养菌对生长环境和营养要求苛刻。培养时需要根据不同苛养菌的特性选择特定的培养基和培养条件。例如，肺炎链球菌适合在血平板上生长；流感嗜血杆菌适合在巧克力平板上生长，培养环境为含 $5\%\sim10\%$ CO_2 的气体环境，（35 ± 2）℃培养 18~48 小时，以促进其生长和存活。苛养菌培养在临床呼吸道感染、耳部感染等疾病的诊断中尤为重要，准确培养出苛养菌并鉴定其种类和药敏特性，可为合理使用抗菌药物提供精准指导，提高治疗效果。

（三）真菌培养

真菌培养的培养基常选用沙保罗平板。接种方式多样，针对丝状真菌，可用接种针挑取少量带有孢子或菌丝的标本，点种在培养基表面；针对酵母样菌，可采用平板划线法接种。培养温度通常为（27±1）℃（深部致病真菌可在35 ℃培养），需要在恒温培养箱中进行，培养时间相对较长，一般为2~14天。在培养过程中，真菌逐渐生长形成独特的菌落形态，丝状真菌（如曲霉菌等）会形成绒毛状、絮状菌落，颜色多样，有绿色、黑色等；酵母菌大多会形成光滑、湿润、隆起的菌落，颜色较浅。通过显微镜观察真菌的菌丝结构、孢子形态等特征，可进一步鉴定真菌种类。真菌培养在临床诊断中可用于检测皮肤癣菌、念珠菌等引起的感染。

（四）厌氧菌培养

1. 厌氧菌培养宜选用从封闭腔隙或深层组织（如脓肿穿刺液、蜂窝织炎深处组织等）获取的标本。常见的培养方法有厌氧袋培养法、厌氧罐培养法和厌氧手套箱培养法。标本接种至厌氧血平板、厌氧菌选择培养基，培养环境通常为5% CO_2、10% H_2 和85% N_2 混合气体环境，（35±2）℃培养48~72小时。厌氧菌培养对于诊断和防治厌氧菌引起的感染性疾病（如破伤风、气性坏疽等）至关重要，同时也有助于深入了解厌氧菌在人体肠道、口腔等微生态环境中的作用以及在环境中的分布情况和生态功能。

2. 厌氧袋培养法的操作步骤。

（1）预先在培养基中接种好标本、菌株，随后及时将其放入厌氧培养袋。

（2）撕开厌氧产气袋（包）的铝箔外袋。

（3）取出纸内袋和小铝箔袋并立即撕开，从小铝箔袋中取出小纸内袋，迅速将其放入待密闭容器（特制的厌氧培养袋）。

（4）撕开厌氧指示剂的外包装，取出厌氧指示剂，立即将其放入同一待密闭容器（特制的厌氧培养袋）。

（5）挤压厌氧培养袋，排除袋内多余的空气，立即使用封口夹密封。密封时，先从封口夹的一端压紧，顺势封严，确保整个培养袋密封无缝隙；或盖上培养罐 / 盒的盖子密封好。

（6）观察厌氧指示剂，其应指示为无氧状态。需要注意：从放入培养基、撕开厌氧产气袋（包）的铝箔包装到密封容器，整个过程不应超过 1 分钟。

（五）分枝杆菌培养

1. 分枝杆菌具有生长缓慢、细胞壁富含脂质等特点，培养时需要特殊的培养基和培养条件。

2. 常用的培养基包括罗氏固体培养基、分枝杆菌液体培养基。

3. 接种时，将待检标本（如痰液、尿液等）经过前处理（如消化、离心等）后接种。培养环境为（35±2）℃，培养时间长，一般需要 3 天 ~8 周。分枝杆菌菌落形态多样，例如，结核分枝杆菌菌落通常干燥、粗糙，呈颗粒状、乳酪色或黄色，不透明，边缘不规则。在培养过程中，要定期观察培养基上的菌落生长情况，并结合涂片染色（如抗酸染色等）、核酸检测等方法进行鉴定。

第三节　常用生化反应鉴定方法及其在细菌鉴定中的应用

一、氧化酶试验

（一）原理

氧化酶（细胞色素氧化酶）是细胞色素呼吸系统的最终呼吸酶。具有氧化酶的细菌，会使细胞色素 C 氧化，氧化型细胞色素 C 再使对苯二胺氧化，生成有色的醌类化合物。

（二）试剂

氧化酶试验试剂（1% 盐酸四甲基对苯二胺）。

（三）方法

用 1 滴无菌水将氧化酶试验试剂条纸片湿润，将测试菌直接涂于经湿润的纸片上，室温下放置 10 秒，观察其是否显示出深蓝紫色。

（四）结果

试剂接触点在 10 秒内呈深蓝紫色，为阳性。

（五）用途

氧化酶试验主要用于肠杆菌科细菌与假单胞菌的鉴别，前者为阴性，后者多为阳性。奈瑟菌属、莫拉菌属细菌也呈阳性反应。

（六）注意事项

1. 在氧化酶试验过程中，避免接触含铁物质，其在火焰灭菌时表面会形成氧化物从而引起假阳性反应。

2. 试剂在空气中易于氧化，故应经常更换新试剂，或在配制时于试剂内加入 0.1% 维生素 C，可减少其自身的氧化。

（七）质量控制

1. 试剂在新鲜配制好以及每次使用时，须用铜绿假单胞菌作阳性对照，用大肠埃希菌作阴性对照。

2. 试剂纸片的保存条件为 –20 ℃。日常使用的试剂纸片需要放于 4 ℃冰箱中保存，放置时间不超过 1 个月。每次使用时，须用铜绿假单胞菌作阳性对照，用大肠埃希菌作阴性对照。

二、过氧化氢酶试验

（一）原理

过氧化氢酶（触酶）能够催化过氧化氢分解为水和氧气。过氧化氢酶的作用是使过氧化氢分解为新生态氧。将过氧化氢溶液加入含有过氧化氢酶的细菌菌落或菌液时，会产生气泡，这是因为氧气以气体形式释放出来。

（二）试剂

3% 过氧化氢。

（三）方法

挑取固体培养基上的菌落置于洁净玻片（或试管内），滴加 3% 过氧化氢溶液数滴，观察结果。

（四）结果判定

30 秒内有大量气泡产生者为阳性，无气泡产生者为阴性。

（五）用途

绝大多数细菌都会产生过氧化氢酶，但链球菌的过氧化氢酶为阴性，故常用过氧化氢酶试验来鉴定链球菌。此外，金氏杆菌属细菌的过氧化氢酶也为阴性，此试验在鉴定这些细菌时具有特异性。

（六）注意事项

1. 做过氧化氢酶试验不宜用血琼脂平板上的菌落，因为红细胞内含有过氧化氢酶，会出现假阳性反应。最好用营养琼脂培养基上的菌落。

2. 此试验需要用 18~24 小时培养物，因为陈旧培养物可能丢失过氧化氢酶活性，会出现假阴性反应。

3. 此试验需要用金黄色葡萄球菌 ATCC 25923 作阳性对照，用链球菌作阴性对照。

4. 安全操作：过氧化氢具有一定的腐蚀性，在操作过程中要避免接触皮肤和眼睛。如果不小心接触到，应该立即用大量清水冲洗。

三、血浆凝固酶

（一）原理

金黄色葡萄球菌可产生两种凝固酶，即结合凝固酶、游离凝固酶。结合凝固酶可用玻片法检出，游离凝固酶可用试管法检出。

（二）试剂

血浆凝固酶试剂，生理盐水。

（三）方法

1.玻片法。取生理盐水和血浆凝固酶试剂各1滴，分别置于洁净载玻片上，挑取待检菌落分别与生理盐水和血浆凝固酶试剂混合。若血浆出现明显的颗粒而生理盐水对照无自凝现象，则为阳性。

2.试管法。取试管2支，分别加入0.5 mL生理盐水和血浆凝固酶试剂，挑取待检菌落加入测定管充分研磨混匀，将已知阳性菌株加入对照管，37 ℃水浴3~4小时。若血浆凝固，则为阳性。

（四）结果

1.玻片法。若血浆出现明显的颗粒而生理盐水对照无自凝现象，则为阳性。
2.试管法。若血浆凝固，则为阳性。

（五）质量控制

金黄色葡萄球菌 ATCC 25923 为阳性，表皮葡萄球菌为阴性。

（六）用途

金黄色葡萄球菌凝固酶试验为阳性，而表皮葡萄球菌和腐生葡萄球菌凝固酶试验为阴性。故此试验对鉴别葡萄球菌具有重要价值。

（七）注意事项

若待检菌为陈旧的肉汤培养基或菌株凝固酶活性低，往往出现假阴性反应。

四、β-内酰胺酶试验

（一）原理

头孢硝噻吩的 β-内酰胺环受 β-内酰胺酶的作用开环后，由黄色变为红色。

（二）试剂

β-内酰胺酶试剂。

（三）方法

将 β-内酰胺酶试剂条置于洁净玻片上，用 1 滴无菌水将纸片湿润，将测试菌直接涂于经湿润的纸片上，35 ℃孵育 10 分钟后观察颜色反应。

（四）结果

若纸片变为红色，则为阳性，表示测试菌产 β-内酰胺酶；若纸片不变色，则为阴性。

（五）用途

快速检测淋病奈瑟球菌、卡他莫拉菌、葡萄球菌、流感嗜血杆菌和厌氧菌产生 β-内酰胺酶。

（六）注意事项

少数葡萄球菌和厌氧菌可能需要 60 分钟才出现阳性反应。

（七）质量控制

1.此试验需要用金黄色葡萄球菌 ATCC 29213 作阳性对照，用金黄色葡萄球菌 ATCC 25923 作阴性对照。

2.试剂纸片的保存条件为 –20 ℃。日常使用的试剂纸片需要放于 4 ℃冰箱中保存，放置时间不超过 1 个月。

五、CAMP 试验

（一）原理

B 群链球菌具有 CAMP 因子，能促进葡萄球菌 β 溶血素的活性，使两种细菌在划线处产生显著的协同溶血作用。

（二）试剂

金黄色葡萄球菌 ATCC 25923。

（三）方法

将金黄色葡萄球菌 ATCC 25923 沿血平板直径划线接种，再沿该线垂直方向接种待检菌，两线不相接，间隔 3~4 mm，置于（35±2）℃恒温培养箱孵育 18~24 小时，观察结果。

（四）结果判定

两种细菌划线交界处出现箭头状透明溶血区为阳性。

（五）注意事项

两菌垂直划线处不得相接，但也不能相隔太远，间隔 3~4 mm 为宜。

（六）临床意义

CAMP 试验主要用于 B 群链球菌的初步鉴定，产单核细胞李斯特菌 CAMP 试验也为阳性。

第四节　常用血清学鉴定技术的原理与操作

一、血清学试验注意事项

（一）对照和质控

应同时进行生理盐水对照和阳性质控。生理盐水对照用于排除非特异性凝集干扰。若阳性质控没有出现凝集反应，说明抗体可能失效或者试验操作有误，此时整个试验结果都不可靠。

（二）血清使用顺序

应先用多价血清进行试验，再用分型因子血清进行凝集试验。

（三）试验结果

当生化反应结果与多价血清凝集试验结果不一致时，应考虑特殊表面抗原的存在。当生化反应符合沙门菌但多价 A–F 血清不凝集时，应考虑 Vi 抗原的存在；当生化反应符合志贺菌但 4 种多价血清不凝集时，应考虑 K 抗原的存在。可将新鲜菌悬液沸水浴加热 15~30 分钟，冷却后重做凝集试验。

（四）局限性

注意商品化血清试剂盒的局限性。若无法分型，需要换用其他血清试剂盒或方法。

二、沙门菌属血清学凝集试验

（一）原理

将沙门菌属诊断血清与细菌培养物或菌悬液在载玻片上直接混合，出现肉眼可见的特异性凝集块即为阳性。

（二）试剂

沙门菌属诊断血清，生理盐水。

（三）操作步骤

1.取洁净载玻片，无菌操作下用接种环蘸取沙门菌属 O 多价 A–F 诊断血清一环置于载玻片一侧，以同样的方法取生理盐水一环置于载玻片的另一侧作对照。

2.用接种环挑取待检细菌平板上的少许菌落，先与生理盐水混匀作阴性对照，再蘸取一环与诊断血清混匀。

3.摇动玻片，观察结果。

（1）若诊断血清内细菌迅速凝集而生理盐水对照浑浊，为阳性，提示待检菌株可能属于 A–F 群，应送疾控中心鉴定。

（2）若诊断血清内细菌 2~3 分钟仍浑浊不凝集而生理盐水对照浑浊，为阴性。

（3）若生化反应比较典型，但 O 多价 A–F 诊断血清不凝集，应考虑 Vi 抗原的存在，需要用 Vi 诊断血清做凝集试验。若凝集，则用生理盐水将菌苔洗下，制成浓厚的菌液，100 ℃加热 30 分钟，再与 O 多价 A–F 诊断血清做凝集试验。若去除 Vi 抗原后仍不凝集，考虑待检菌株可能不属于 A–F 群，应送疾控中心鉴定。

（4）沙门菌属 O 多价 A–F 诊断血清凝集阳性时，需要用单价因子 O 诊断血清（2、4、6、7、9……）进一步分型。确定菌群后，用第一相 H 因子血清（a、b、c、d……）检查 H 抗原确定型别。

（四）质量控制

大肠埃希菌 ATCC 25922 阴性，灭菌鼠伤寒沙门菌浓菌液阳性。

（五）结果判断

阴性：试验侧及对照侧均浑浊。

阳性：对照侧浑浊，试验侧明显凝集。

自凝：试验侧及对照侧均凝集。

（六）注意事项

1.试验时应同步进行生理盐水对照，防止出现假阳性反应。

2.挑取待检细菌时，切不可混有杂菌，以免影响结果。

3.菌液不宜过浓，血清不应干燥。室温过低时，应将玻片加温，防止出现假阳性或假阴性反应。凝集迟缓或凝集颗粒不明显时，应结合生化反应等综合分析，暂缓结论，并送疾控中心鉴定。

4.若待检菌株生化反应典型但对应的诊断血清不凝集，应首先考虑 Vi 抗原的存在。可将待检菌液隔水煮沸 30 分钟，或将该株细菌接种到普通琼脂平板上，移种数代培养后，再进行凝集试验。

5.伤寒沙门菌初分离出的菌株，往往 H 抗原性不强，进行凝集反应时结果不明显，此时可将待检细菌用半固体培养基传代，再进行凝集试验。

6.生化反应符合沙门菌属，但沙门菌属 O 多价 A–F 诊断血清不凝集，Vi 诊断血清也不凝集时，可对原来的生化反应作进一步观察，因为肠杆菌科中的亚利桑那沙门菌的生化反应与沙门菌属很相似，但亚利桑那沙门菌分解乳糖迟缓，故生化反应需要观察 3~4 天才能出结论；也可将待检细菌用普通琼脂平板传代，这样可使某些变异细菌重新获得原来的抗原性，然后再进行凝集试验。

7.Vi 抗原可阻抑菌体抗原与抗血清的凝集，导致假阴性反应，此时应将菌液煮沸 30 分钟以破坏 Vi 抗原，然后重试。

（七）用途

沙门菌属血清学凝集试验主要用于沙门菌属血清学鉴定。

三、志贺菌属血清学凝集试验

（一）原理

将志贺菌属诊断血清与细菌培养物或菌悬液在载玻片上直接混合，出现肉眼可见的特异性凝集块即为阳性。

（二）试剂

志贺菌属诊断血清，生理盐水。

（三）操作步骤

1.取洁净载玻片，无菌操作下用接种环蘸取志贺菌属多价诊断血清（福氏志贺菌、宋氏志贺菌、痢疾志贺菌Ⅰ型和Ⅱ型）一环置于载玻片一侧，以同样的方法取生理盐水一环置于载玻片的另一侧作对照。

2.用接种环挑取待检细菌平板上的少许菌落，先与生理盐水混匀作阴性对照，再蘸取一环与诊断血清混匀。

3.摇动玻片，观察结果。

（1）若诊断血清内细菌迅速凝集而生理盐水对照浑浊，为阳性。需要进一步用以下诊断血清进行分型检测：福氏志贺菌多价诊断血清（福氏志贺菌1~6型）、宋氏志贺菌诊断血清、痢疾志贺菌Ⅰ型和Ⅱ型诊断血清。若某型血清凝集，即可确定为相应型别的志贺菌。若上述血清均不凝集，则疑为鲍氏志贺菌，需要进一步用鲍氏志贺菌诊断血清进行凝集试验以确认。

（2）若诊断血清内细菌1分钟后仍浑浊不凝集而生理盐水对照浑浊，为阴性。

（四）质量控制

室间质量评价（external quality assessment，EQA）宋氏志贺菌阳性，大肠埃希菌 ATCC 25922 阴性。

（五）结果判断

阴性：试验侧及对照侧均浑浊。

阳性：对照侧浑浊，试验侧明显凝集。

自凝：试验侧及对照侧均凝集。

（六）注意事项

1.试验时应同步进行生理盐水对照，防止出现假阳性反应。

2.挑取待检细菌时，切不可混有杂菌，以免影响结果。

3.菌液不宜过浓，血清不应干燥。室温过低时，应将玻片加温，防止出现假阳性或假阴性反应。凝集迟缓或凝集颗粒不明显时，应结合生化反应等综合分析，暂缓结论，并送疾控中心鉴定。

（七）用途

志贺菌属血清学凝集试验主要用于志贺菌属血清学鉴定。

四、霍乱弧菌 O1 群、O139 群血清学凝集试验

（一）原理

将霍乱弧菌 O1 群、O139 群诊断血清与细菌培养物或菌悬液在载玻片上直接混合，出现肉眼可见的特异性凝结块即为阳性。

（二）试剂

霍乱弧菌 O1 群、O139 群诊断血清，生理盐水。

（三）操作步骤

1.用接种环取 1 环生理盐水于玻片上，用接种针挑取少许菌落与生理盐水混匀，再取稀释血清 1 环与之混合，立即凝集者为阳性。

2.若有自凝现象，改用生理盐水稀释血清重试。霍乱弧菌 O1 群诊断血清凝集者，定为霍乱弧菌 O1 群；霍乱弧菌 O139 群诊断血清凝集者，定为霍乱弧菌 O139 群。

（四）结果判定

阴性：试验侧及对照侧均浑浊。

阳性：对照侧浑浊，试验侧明显凝集。

自凝：试验侧及对照侧均凝集。

（五）注意事项

1.试验时应同步进行生理盐水对照，防止出现假阳性反应。

2.菌液不宜过浓，血清不应干燥。室温过低时，应将玻片加温，防止出现假阳性或假阴性反应。

（六）用途

霍乱弧菌O1群、O139群血清学凝集试验主要用于霍乱弧菌O1群、O139群血清学鉴定。一旦发现阳性，应及时上报疾控中心确认。

第五章 临床微生物检验的现代技术方法

第一节 基质辅助激光解吸电离飞行时间质谱技术

一、基质辅助激光解吸电离飞行时间质谱技术原理

基质辅助激光解吸电离飞行时间质谱技术（matrix-assisted laser desorption ionization time-of-flight mass spectrometry，MALDI-TOF MS）是将微生物样本与基质混合，形成共结晶。在激光的照射下，基质吸收能量，使样本中的蛋白质等生物分子离子化。这些离子在电场的作用下加速飞行，根据其质荷比的不同，在飞行管中飞行的时间也不同，最后被探测器检测。通过分析离子的飞行时间来确定生物分子的质荷比，进而得到微生物的蛋白质指纹图谱，与数据库比对后，几分钟内即可精准鉴定常见病原菌，极大缩短了鉴定时间。整个仪器主要由3个部分组成：离子源（产生离子）、飞行管（离子飞行通道）和探测器（检测离子）。

二、质谱仪鉴定病原微生物注意事项

（一）培养条件和时间

待鉴定菌的培养时间应充足，以满足其达到所需菌量和菌株生长状态的

要求。

（二）样本前处理

要确保样本的纯度，避免杂质干扰质谱信号。根据质谱仪的要求对样本进行适当的处理，对待鉴定菌进行恰当的破壁和蛋白提取处理。

（三）靶板涂抹

靶板涂抹应均匀且厚度适中。

（四）基质选择

不同的样本应使用不同的基质和配制溶剂，应避免基质液被污染，基质液应加适当量，并与样本形成均匀共结晶。

（五）数据库的完整性与更新

应知晓所用质谱系统数据库能够覆盖的菌属种类及局限性，能够识别并采取措施避免质谱仪可能出现的错误鉴定。例如，将志贺菌错误鉴定为大肠埃希菌，将肺炎链球菌错误鉴定为缓症链球菌群，将多糖奈瑟球菌错误鉴定为脑膜炎奈瑟菌。

三、操作流程

（一）微生物培养与纯化

首先从临床标本（如血液、痰液、尿液、组织等）中分离培养微生物。一般细菌培养 18~24 小时，真菌培养时间可能稍长，不同微生物的培养条件（如温度、气体环境等）根据其生长特性而定。

（二）样本的处理

从临床标本中分离培养微生物，挑取单个纯菌落与基质溶液混合后点样到样品靶板。

（三）仪器校准

用已知质荷比的标准品校准仪器参数，确保测量准确。

（四）数据采集与分析

将样本靶板放入该仪器，采集数据形成质谱图，用专门的数据分析软件与数据库中的标准质谱图比对，从而鉴定出微生物的种类。

四、应用评价

（一）在微生物快速鉴定中的优势

1. 快速准确。MALDI-TOF MS 技术能够在几分钟到几十分钟内完成微生物鉴定，相比传统的微生物鉴定方法（如生化鉴定需要数小时到数天），大大缩短了鉴定周期。其鉴定准确性较高，对常见微生物的鉴定准确率可以达到90%。

2. 高通量鉴定。可同时对多个微生物样本进行鉴定。在一次实验中，能够在样品靶板上放置多个样本点，仪器可以自动依次对这些样本进行检测和分析，适合处理大量临床样本，提高工作效率。

3. 所需样本量少。仅需少量的微生物菌落（一般单个菌落）即可鉴定，减少样本浪费。

4. 对微生物生理状态要求相对较低。基于生物分子信息，微生物生理状态受影响时仍可能有效鉴定。

（二）局限性

1. 数据库依赖性强。鉴定结果的准确性依赖于数据库的完整性。如果数据库中没有某种微生物的指纹图谱信息，就很难准确鉴定。

2. 对某些真菌鉴定有限。对丝状真菌等复杂结构的真菌鉴定还不够完善，可能出现鉴定错误或无法鉴定的情况。

第二节　自动化微生物鉴定与药敏分析系统

一、采用自动化仪器进行病原菌鉴定及药敏检测的流程

1. 根据手工法初步分类选择相应的鉴定卡，不可直接使用鉴定卡进行鉴定而不进行初步分类。

2. 当仪器提示要增加补充试验时，应按要求增加相应试验。

3. 每一批鉴定卡、药敏卡应按制造商要求进行质控，使用前检查包装是否有破损，是否在有效期内。

4. 应根据制造商对鉴定数据库的更新要求，定时更新微生物鉴定系统的数据库。

二、自动化仪器系统介绍

（一）工作原理

1. 生化反应法。系统中预先设置了多种含有不同生化底物的反应孔。微生物在这些反应孔中生长时，会利用底物进行代谢。例如，细菌如果能产生某种特定的酶，就会分解相应的底物，使反应孔的颜色、浊度等发生变化。通过检测这些变化，并与数据库中的标准生化反应模式进行比对，即可确定微生物的种类。

2. 荧光标记法。对微生物的某些特定成分或代谢产物进行荧光标记。当微生物在系统中生长繁殖时，这些荧光标记物会随之发生变化，如荧光强度的增减。检测设备能够精确测量这些荧光信号，根据荧光的特征和变化规律来识别微生物。

（二）系统构成

1. 样本处理模块。该模块主要负责样本的接收、稀释、分配等预处理工作。

2.孵育模块。该模块为微生物的生长提供适宜的环境条件，包括精确控制温度、湿度。

3.检测模块。该模块配备了多种高精度的检测传感器，用于监测微生物在生长过程中产生的各种生理生化指标的变化。这些传感器可以检测颜色变化、荧光强度、浊度变化等多种信号。

4.数据分析软件。该软件对检测模块获取的数据进行收集、处理和分析。它将检测到的各种信号与系统内置的庞大微生物数据库进行比对。该数据库包含了各种已知微生物的标准鉴定和药敏数据。软件通过复杂的算法，根据比对结果确定微生物的种类，并生成药敏试验报告。

（三）主要功能

1.微生物鉴定。可鉴定包括细菌、酵母菌等多种微生物。对于细菌鉴定，不仅能区分常见的革兰氏阳性菌和革兰氏阴性菌，还能精确到种甚至亚种的水平。

2.药敏试验。可同时检测微生物对多种抗菌药物的敏感性。系统提供检测微生物对不同药物的最低抑菌浓度（minimum inhibitory concentration，MIC），能够直观地反映微生物对药物的敏感程度，为临床医生选择合适的抗菌药物提供有力依据。

三、操作流程

1.样本加载。将样本接种到鉴定板和药敏板上。

2.培养。在合适的条件下培养微生物。

3.鉴定与药敏测试。系统自动读取生化反应结果和药敏数据。

4.结果输出。系统生成微生物鉴定结果和药敏报告。

四、应用评价

（一）优势

1.高效性。传统的微生物鉴定和手工药敏试验可能需要几天时间才能出结果，而自动化系统可以将时间缩短到数小时，能够在较短时间内为临床医生提供准确的微生物鉴定结果和药敏报告，有助于合理使用抗菌药物。

2. 准确性高。自动化系统减少了人工操作过程中的误差，如接种量的差异、判读结果的主观性等。其标准化的操作流程和高精度的检测设备保证了结果的准确性和重复性。通过大量的实验验证，其鉴定结果的准确率可以达到90%，药敏结果的准确性也很高，能够为临床治疗提供可靠的参考。

3. 有助于临床治疗和感染控制。快速准确的微生物鉴定结果和药敏报告能够帮助临床医生及时选择最有效的抗菌药物，从而提高治疗的成功率，缩短患者的住院时间。在医院感染控制方面，系统能够及时监测耐药菌的出现和传播，医院可以立即采取隔离、消毒等防控措施，防止耐药菌的进一步传播。

（二）局限性

1. 仪器成本高。购买和维护自动化微生物鉴定与药敏分析系统费用较高，包括仪器本身的价格、配套的试剂和耗材以及仪器的维修保养费用等。

2. 对操作人员要求高。虽然系统是自动化的，但在操作过程中仍然需要专业的技术人员进行样本采集、预处理、设备操作和结果解读。操作人员需要具备微生物学、医学检验等相关专业知识，并要熟悉设备的操作流程和维护要求。如果操作人员技术不熟练，可能影响检测结果的准确性。

3. 鉴定和药敏的局限性。对于一些新出现或罕见的微生物，系统的数据库没有相应的鉴定信息，导致无法准确鉴定。在药敏试验方面，微生物的药敏情况可能受到多种因素的影响，如样本中微生物的生长状态、药物质量、检测环境等。这些因素可能导致药敏试验出现假阳性或假阴性反应，对复杂耐药机制检测有限，影响临床判断。

第三节 微生物快速培养系统

一、自动血培养检测系统

（一）工作原理

自动血培养检测系统主要通过检测细菌或真菌在生长过程中释放的 CO_2 来判断血液样本中是否存在微生物。其检测技术包括放射性碳标记、CO_2 感受器（显色法）、荧光技术等。例如，在 CO_2 感受器系统中，培养瓶底部的感应器会检测到 CO_2 的变化，并通过颜色变化或荧光衰减等方式将信号传递给检测系统。系统会将检测到的信号传送到计算机进行分析，并在检测到微生物生长时自动发出警报。

（二）基本构成

1. 主机。

（1）恒温孵育系统：设有恒温装置和振荡培养装置，能够根据需要放置不同数量的培养瓶。

（2）检测系统：采用多种检测技术，如放射性碳标记法、CO_2 感受器、荧光技术等。

2. 计算机及其外围设备。通过条形码识别标本，计算和分析细菌生长曲线，判断阴性/阳性结果，记录和打印结果（包括阳性报警时间），进行数据存储和分析。

3. 配套试剂与器材。

（1）培养瓶：需氧培养瓶、厌氧培养瓶、儿童专用培养瓶、中和抗生素培养瓶等。

（2）条码扫描器：用于标本的识别和仪器的操作。

（三）主要功能

自动血培养检测系统在快速诊断患者血液中细菌生长情况方面发挥着重要作用，是临床有效治疗的关键。尤其在感染初期或经抗生素治疗后，血液中的细菌数量较少，需要通过增菌手段以便检测。此外，该系统能够提高血培养阳性率，准确、快速地培养出血液中的细菌，对感染性疾病的诊断和治疗具有重要意义。

（四）优势

1. 高灵敏度。自动血培养仪能够检测到低浓度的微生物生长，对于早期感染或细菌数量较少的情况尤为重要。这种高灵敏度显著提高了目标菌阳性检出率，减少了假阴性的可能性，有助于早期诊断和治疗，为临床诊断提供了更可靠的依据。

2. 自动化程度高。自动血培养仪减少了人工操作的烦琐性和误差，提高了操作的一致性和可重复性。自动化流程确保了样本处理的高效性和准确性，从而提升了整体检测质量。

3. 快速检测。自动血培养仪能够缩短检测时间，提高检测效率。快速的结果反馈有助于临床医生更快地做出治疗决策，特别是在处理严重感染时，能够节省宝贵的时间，提高患者的生存率。

4. 良好的重复性。在多次测试中，自动血培养仪能够保持一致的性能和准确的结果。这种一致性对于确保诊断结果的可靠性和稳定性至关重要，使临床医生能够依赖这些结果进行有效的治疗规划。

5. 数据管理方便。自动血培养仪的计算机系统可以方便地存储、分析和检索数据。这不仅提高了数据管理的效率，还有助于进行长期的趋势分析和研究。

（五）局限性

1. 成本较高。设备和试剂的成本相对较高。

2. 依赖性强。对设备的依赖性强，设备故障可能影响检测结果，导致诊断延误。

3.假阳性或假阴性风险。在某些情况下可能出现假阳性或假阴性结果，需要通过其他检测方法进行验证。

4.对某些微生物的检测能力有限。对于一些特殊或罕见的微生物，检测能力可能不足，需要采用更专门的检测方法。

二、激光散射法微生物快速培养系统

（一）工作原理

快速培养仪运用了独特的激光散射技术。当微生物被接种到特定的培养液中后，随着细菌的生长繁殖，其物理状态会发生变化，进而导致培养液中散射光的特性发生改变。培养仪从接种时刻起，就持续利用激光对培养液进行照射，并实时监测散射光信号。通过对这些散射光信号的精密分析，培养仪能够精确地追踪细菌的生长阶段，将其以直观的生长曲线形式呈现出来。此外，培养仪具备高度的特异性，能够精准地排除样本中盐类、红细胞、白细胞、上皮细胞或死菌等非细菌物质的干扰，仅仅对活菌进行检测和计数，并将检测到的散射信号通过复杂的算法转化为以菌落形成单位 / 毫升（CFU/mL）表示的细菌数量，从而为临床提供准确的微生物定量信息。

激光散射技术：散射光技术基于光束，该光束经过适当定位、瞄准和聚焦后会穿过样品。信号由两个不同角度（30°和90°）放置的检测器接收。

（二）基本构成

1.培养系统。

（1）恒温培养舱：可同时容纳多个样本进行培养。其内部的温控系统能够精准地将温度维持在37 ℃，这一人体体温环境为微生物的生长提供了最佳条件，确保微生物能够在最适宜的温度下快速繁殖。

（2）搅拌装置：配备了持续搅拌装置，通过柔和而稳定的搅拌动作，使样本在培养液中始终保持均匀分布状态。这种均匀分布有效避免了微生物因沉淀而聚集在底部导致生长受限，或因漂浮在表面而接触不均影响生长速率的情况，保证了每个微生物个体都能在稳定且一致的环境中生长，从而提高了检测结果的准确性和可靠性。

2. 检测系统。

（1）光学检测部件：高精度的光学检测部件是检测系统的核心部件，它能够发射出稳定且精确的激光束，并高效地收集样本在激光照射下产生的散射光信号。这些光学部件具备高灵敏度和低噪声特性，能够捕捉到极其微弱的散射光变化，确保检测的准确性。

（2）信号处理单元：与光学检测部件紧密相连的是先进的信号处理单元，该单元内置了复杂的信号放大、滤波和数字化转换电路。它能够将接收到的微弱散射光信号进行放大和优化处理，去除噪声干扰，然后将其转化为数字信号，以便后续的数据处理和分析。

3. 数据处理与分析软件。

（1）测试设置灵活性：允许在同一时间内针对不同的样本进行多样化的测试设置。每个样本对应的读取单元位置在软件中都可以进行独立的参数设置，以适应不同的检测需求。

（2）自动读取和分析功能：能够实时对检测系统传输过来的数字信号进行处理和解读，快速准确地判断微生物的生长状态和数量，并根据预设的标准生成详细的检测报告。

（3）支持与医院信息系统对接：能够将检测结果实时上传至医院网络，方便临床医生在第一时间获取患者的微生物检验信息，实现数据的高效共享和流通，为临床诊断和治疗决策提供及时有力的支持。

（三）主要功能

1. 快速培养。相较于传统的微生物培养方法，该仪器能够显著缩短培养时间，通常在数小时内即可完成细菌的培养过程，使临床医生能够更快地获得微生物检验结果，为及时诊断和治疗感染性疾病赢得宝贵的时间。例如，对于一些急性感染病例，快速准确的微生物培养结果可以帮助临床医生迅速确定病原体，从而及时调整治疗方案，提高治疗效果。

2.药敏试验。在完成微生物的快速培养后，该仪器可以直接对培养得到的细菌进行药敏测试。将细菌与不同种类的抗生素在特定条件下进行孵育培养，实时监测细菌的生长情况，从而确定细菌对各种抗生素的敏感性。这一功能为临床医生选择最有效的抗生素进行治疗提供了关键依据，有助于提高抗生素的合理使用率，减少耐药菌的产生。

3.耐药菌筛查。具备强大的耐药菌筛查能力，能够快速准确地检测出耐甲氧西林金黄色葡萄球菌（methicillin resistant *Staphylococcus aureus*，MRSA）、产超广谱 β - 内酰胺酶（extended spectrum β lactamases，ESBLs）菌等常见的耐药菌。在临床感染性疾病的诊断和治疗过程中，及时发现耐药菌对于采取有效的隔离措施、调整治疗方案以及控制耐药菌的传播具有至关重要的意义。

4.定量分析。能够对样本中的微生物进行精确地定量检测，以 CFU/mL 为单位给出细菌数量的具体数值。这一功能不仅有助于临床医生了解患者体内的感染程度，还可以在治疗过程中对微生物的数量变化进行动态监测，评估治疗效果，为调整治疗策略提供客观的数据支持。

（四）优势

1.准确性高。先进的激光散射技术结合精密的数据分析算法，使该仪器在检测微生物时具有极高的准确性。通过对散射光信号的精确测量和深入分析，能够有效区分不同种类的微生物及其生长阶段，避免了传统检测方法中因主观判断或技术局限导致的假阳性或假阴性结果，为临床诊断提供了可靠的依据。

2.特异性强。该仪器独特的检测原理使其能够在复杂的样本环境中准确地识别和检测目标微生物，有效排除其他非细菌物质的干扰。无论是在含有多种细胞成分的血液样本中，还是在含有杂质的其他临床样本中，都能够精准地检测出活菌的存在和数量，对不同种类的微生物具有很强的区分能力，确保了检测结果的特异性。

3.操作简便。高度自动化的设计理念贯穿于整个仪器的操作流程。从样本的接种开始，到培养过程中的温度、搅拌等参数的控制，再到检测结果的分析和报告生成，几乎所有的环节都由该仪器自动完成，极大地降低了对操作人员的专业技术要求。操作人员只需要按照简单的操作规程进行样本采集和接种，该仪器即可自动完成后续的复杂检测过程，减少了人为因素对检测结果的影响，同时也提高了实验室的工作效率。

4. 灵活性好。软件系统的高度灵活性使该仪器能够适应不同的临床检测需求和实验室工作流程。用户可以根据具体的样本类型、检测目的以及实验室的标准操作规程，自由地设置和调整检测参数，包括培养时间、检测频率、药敏试验方案等。这种灵活性使该仪器可以在不同的临床场景和实验室环境中得到广泛应用，满足多样化的微生物检验需求。

（五）局限性

1. 仪器成本高。该仪器在使用过程中需要定期维护保养，包括光学部件的校准、机械部件的检查和更换、软件系统的升级等，这些维护工作不仅需要专业的技术人员，还需要投入一定的资金成本，增加了实验室的运营成本和经济负担。

2. 对特殊微生物检验能力有限。尽管该仪器能够检测和鉴定大多数常见的临床微生物，但对于一些特殊的、罕见的微生物，其检测能力可能存在一定的局限性。这些特殊的、罕见的微生物可能具有独特的生长特性或代谢方式，与仪器预设的检测模式和数据库不匹配，从而导致仪器无法准确地检测或鉴定。在这种情况下，往往需要结合其他传统的微生物检验方法或分子生物学技术进行进一步的确认和分析。

3. 样本要求严格。为了确保检测结果的准确性和可靠性，样本的采集、保存和处理过程需要严格遵循仪器制造商提供的标准操作规程。任何不符合要求的样本操作都可能影响微生物的活性和生长状态，进而导致检测结果出现偏差。例如，样本采集量不足、采集后保存时间过长、保存温度不当或样本在运输过程中受到剧烈震荡等因素，都可能使微生物的数量和活性发生变化，从而影响仪器的检测准确性。

第四节　分子生物学检测技术

分子生物学诊断技术因灵敏度高，需要注意避免污染。

一、以核酸扩增为核心的检测技术

（一）实时荧光定量 PCR（real time fluorogenic quantitative PCR, qPCR）

1. 原理。在聚合酶链式反应（polymerase chain reaction，PCR）反应体系中加入荧光基团，利用荧光信号积累实时监测整个 PCR 进程。随着 PCR 反应的进行，每经过一个循环，目标 DNA 片段呈指数增长，荧光信号也相应增强。通过特定的仪器收集和分析荧光信号，从而实现对初始模板 DNA 的定量分析。

2. 临床应用。在病毒感染检测方面，如乙肝病毒感染的检测，qPCR 可以准确测量患者血液中的病毒载量，临床医生根据病毒载量的高低来判断病情的严重程度和治疗效果。在传染病防控方面，对于流感等呼吸道病毒，快速定量检测病原体数量有助于评估疫情的传播范围和速度。

（二）巢式 PCR

1. 原理。设计两对引物进行两轮 PCR 扩增。第一轮 PCR 使用一对引物扩增出包含目的基因的较大 DNA 片段，第二轮 PCR 则以第一轮 PCR 产物为模板，使用另一对内部引物（巢式引物）进行扩增，这样可以大大增加扩增的特异性和灵敏度。这是因为第一轮扩增产物中可能包含一些非特异性扩增产物，但第二轮扩增时，只有与巢式引物完全匹配的特异性片段才能被有效扩增。

2. 临床应用。巢式 PCR 在检测病原体含量较低的样本时非常有效。例如，在检测早期梅毒患者的梅毒螺旋体时，由于样本中梅毒螺旋体数量可能较少，使用巢式 PCR 可以提高检测的灵敏度，更准确地诊断梅毒，为患者的早期治疗提供依据。

（三）多重 PCR

1. 原理。在同一 PCR 反应体系中加入多对引物，这些引物可以针对不同的目标基因或不同的病原体。这样可以同时扩增多个 DNA 片段，实现对多种病原体或同一病原体的多基因检测。

2. 临床应用。多重 PCR 主要用于混合感染的检测。在呼吸道感染中，多种病毒和细菌可能同时感染患者，如同时检测甲型流感病毒、乙型流感病毒、肺炎支原体等，能够快速明确感染病原体的种类，为精准治疗提供依据，避免漏诊导致治疗不彻底。

（四）逆转录 PCR（reverse transcription PCR，RT-PCR）

1. 原理。首先，在逆转录酶的作用下，将 RNA 模板逆转录为互补 DNA（complementary DNA，cDNA），然后以 cDNA 为模板进行常规的 PCR 扩增。因为 RNA 是单链分子且不稳定，所以需要先将其转变为更稳定的 cDNA。例如，在冠状病毒检测中，冠状病毒是 RNA 病毒，通过提取患者样本中的 RNA 进行逆转录得到 cDNA，再进行 PCR 扩增和检测。

2. 临床应用。逆转录 PCR 广泛应用于 RNA 病毒感染的诊断。在人类免疫缺陷病毒（human immunodeficiency virus，HIV）检测中，RT-PCR 可以在 HIV 感染早期、抗体尚未产生时检测到病毒 RNA，从而缩短窗口期，实现早期诊断。对于一些急性 RNA 病毒感染，如手足口病病毒感染，RT-PCR 能够快速确诊，以便及时采取隔离和治疗措施。

（五）数字 PCR（digital PCR，dPCR）

1. 原理。将样本 DNA 或 cDNA 分配到大量微小的反应单元中，每个反应单元可能包含 0 个或 1 个目标分子，然后进行 PCR 扩增。扩增结束后，根据阳性反应单元的数量，通过泊松分布等统计方法来计算目标分子的绝对数量。dPCR 不依赖于标准曲线，能够更精准地定量。

2. 临床应用。在肿瘤液体活检中，dPCR 可用于检测血液中的循环肿瘤 DNA（circulating tumor DNA，ctDNA）。dPCR 可以精确测量 ctDNA 的拷贝数，这对于肿瘤的早期诊断、治疗效果评估和复发监测等具有重要意义。例如，在肺癌的治疗过程中，可监测血液中肺癌相关基因突变的 ctDNA 拷贝数变化，以此判断肿瘤是否复发或转移。

（六）等温扩增检测

1.原理。在恒定温度下进行核酸扩增，不需要像传统 PCR 那样进行热循环。不同的等温扩增技术有不同的原理，如环介导等温扩增（loop-mediated isothermal amplification，LAMP）技术，是利用 4~6 种特异性引物识别目标基因的 6~8 个特定区域，在具有链置换活性的 DNA 聚合酶作用下，在恒温条件下（如 60~65 ℃）快速扩增 DNA。反应体系会产生大量的副产物焦磷酸镁，使反应液变浑浊，可通过添加荧光染料等方式进行可视化检测。

2.临床应用。等温扩增检测在资源有限的基层医疗机构或现场快速检测场景中具有很大优势，如在疟疾流行地区快速检测疟原虫感染。利用等温扩增技术，可在没有复杂的热循环设备的情况下，快速检测患者血液中的疟原虫 DNA，及时诊断和治疗疟疾，这对于控制疟疾的传播至关重要。

二、基因芯片技术

（一）原理

基因芯片技术是一种大规模的核酸杂交技术。核酸杂交是基于核酸分子碱基互补配对原则，将标记的已知核酸序列（探针）与待测核酸样品在一定条件下进行杂交反应。若待测核酸样品中含有与探针互补的序列，样本中与探针互补的序列则会结合形成杂交双链，通过检测杂交信号（如放射性标记、荧光标记等）来确定待测核酸中是否存在特定的基因序列及其相对含量，从而对待测核酸进行定性或定量分析。

（二）临床应用

1.病原体检测与鉴定。基因芯片检测能同时检测多种病原体，在临床感染性疾病诊断中，对于不明原因发热、混合感染等复杂情况非常有用。在呼吸道感染中可检测多种病毒和细菌，还可用于病原体分型，如人乳头状瘤病毒（human papilloma virus，HPV）亚型鉴定，为疾病筛查和预防提供精准信息，助力临床医生制订治疗方案。

2. 耐药基因检测。在细菌感染治疗中，耐药菌的出现是一个严重问题。基因芯片可以同时检测细菌中的多种耐药基因。例如，当检测到金黄色葡萄球菌的 mecA 基因时，临床医生可提前了解细菌的耐药情况，这不仅有助于指导临床合理用药，还能有效控制耐药菌的传播。

3. 微生物基因表达分析。基因芯片检测可用于研究微生物致病机制以及宿主、微生物的相互作用，如利用基因芯片检测结核分枝杆菌在不同感染阶段（如潜伏感染和活动性感染）的基因表达变化，为制订治疗策略提供依据。

三、基因测序技术

基因测序技术可以检测未知序列，在难培养、慢生长、不明病原菌感染的检测方面具有优势。

（一）扩增子测序

1. 原理。针对微生物基因组特定区域（如 16S rRNA 基因等）PCR 扩增后高通量测序，依据特定区域的保守性和特异性以及与数据库比对，确定微生物种类与丰度，如 16S rRNA 基因用于细菌分类。

2. 临床应用。在肠道微生物研究中，扩增子测序可用于分析肠道菌群对肠道疾病（如炎症性肠病）的影响，为精准治疗提供方向，如采用益生菌补充策略。

（二）宏基因组测序

1. 原理。直接提取环境或临床样本中所有微生物基因组 DNA 测序，分析群落结构、功能基因和代谢通路等，全面反映微生物基因信息。

2. 临床应用。宏基因组测序可用于疑难复杂感染诊断，如当免疫缺陷患者不明原因发热时，宏基因组测序可在血液、脑脊液等样本中检测未知病原体，为临床救治提供依据。

（三）全基因组测序

1. 原理。对微生物的整个基因组进行测序，借助高精度测序平台与数据分析能力获取完整序列信息，包括基因各要素及遗传变异。

2. 临床应用。在传染病防控中，全基因组测序可用于追踪病原体传播和进化，如在结核病疫情中分析菌株亲缘关系以确定传播链，进而控制疫情；在细菌耐药性研究中，全基因组测序可为新抗菌药的开发和用药策略的制订提供依据。

四、即时检测技术

1. 原理。即时检测技术不需要单独进行核酸提取，其操作简单、安全、快速；能够做到样本进、结果出，减少中间环节产生的误差和污染，已应用于微生物检验。

2. 临床应用。即时检测技术可用于感染性疾病的快速诊断、医院感染防控、基层医疗与现场检测等。例如，针对流感病毒的核酸等温扩增即时检测，其检测速度较快，一般 30~60 分钟即可完成从样本处理到结果报告的全过程。同时，该技术具有较高的灵敏度和特异性，能够更准确地检测出感染情况，为临床诊断和治疗提供有力支持。

第五节　免疫学检测技术

一、胶体金免疫层析技术

（一）原理

胶体金免疫层析技术是一种基于抗原抗体特异性结合反应以及胶体金显色特性进行检测的技术。将样本（如痰液、粪便、血液等）滴加到样品垫上，随后在毛细作用下，样本会向吸水垫方向移动。若样本中含有目标微生物的抗原或抗体（如嗜肺军团菌、肺炎链球菌、幽门螺杆菌、隐球菌的抗原，或布鲁氏菌的抗体），这些抗原或抗体就会与标记的抗体或抗原发生特异性结合，在试纸条上的检测线和质控线处形成可见的色带。需要注意，无论样本中是否存在目标物，质控线都会显色，其作用是验证试纸条的有效性。

（二）临床应用

胶体金免疫层析技术具有单份检测，操作简单、快速，灵敏度、特异度较高、肉眼判读结果，无需特殊设备，可在现场或基层使用等优点，广泛用于现场快速检测和初步筛查。临床上用该技术进行检测的病原体及检测项目包括新型冠状病毒（抗原）、嗜肺军团菌（LP1 型抗原）、肺炎链球菌（抗原）、幽门螺杆菌（抗原）、布鲁氏菌（IgG 抗体）、新型隐球菌及格特隐球菌（荚膜抗原）等，可为临床诊断提供可靠的参考依据，有助于提高治疗效果和患者生存率。

二、免疫荧光技术

（一）原理

免疫荧光技术是将抗原抗体反应的特异性与荧光物质检测的敏感性相结合。首先用荧光素标记已知抗体，当标记抗体与待检样本中的抗原结合后，在荧光显微镜下可以观察到发出荧光的抗原－抗体复合物。观察荧光信号的位置和强度，可判断抗原的存在与否及分布情况。

（二）临床应用

艰难梭菌感染可导致严重的腹泻和结肠炎，尤其是在医院内感染中较为常见。采用两步酶免夹心法及终点荧光检测技术对艰难梭菌毒素 A/B 进行半定量检测，该技术具有特异度、灵敏度均较高的特点。利用免疫荧光法检测艰难梭菌毒素，能够快速准确地诊断感染，进而及时采取针对性的治疗措施，这不仅可以降低患者的死亡率和医疗成本，还有助于医院感染的监测和防控。

三、酶联免疫吸附试验

（一）原理

酶联免疫吸附试验（enzyme linked immunosorbent assay，ELISA）是一种基于抗原抗体特异性结合反应，并结合酶的高效催化作用进行检测的技术。其基本原理是将抗原或抗体吸附在固相载体（如聚苯乙烯微量反应板）表面，使抗原抗体反应在固相表面进行。通过酶标仪测定吸光度值，根据标准曲线来定量检测抗原的含量。

（二）临床应用

在微生物检验中，ELISA 广泛用于检测各种病原体的抗原和抗体，可对大量样本进行快速、高通量检测，并且具有较高的灵敏度和特异性。

临床上常见的检测项目：检测乙肝病毒表面抗原，用于乙肝的早期诊断；检测 HIV 抗体，作为 HIV 感染的筛查方法之一；检测梅毒螺旋体抗体，辅助梅毒的诊断；检测血液和（或）肺泡灌洗液标本中的半乳甘露聚糖，辅助侵袭性曲霉菌感染的诊断，及时启动抗真菌治疗，提高患者生存率，改善预后。

四、分光光度法

分光光度法常用于检测革兰氏阴性菌（脂多糖内毒素）及真菌 $(1,3)-\beta-D$ 葡聚糖。

（一）原理

1. 分光光度法检测细菌脂多糖内毒素。基于鲎试剂与脂多糖内毒素的反应，内毒素使鲎试剂中成分转化，导致溶液凝集、浊度增加，分光光度计在特定波长下测定吸光度变化，依据标准曲线定量，吸光度与内毒素浓度呈线性关系。

2. 分光光度法检测真菌（1，3）$-\beta-D$ 葡聚糖，又称"G 试验"。（1，3）$-\beta-D$ 葡聚糖能够激活特定酶或引发凝集反应，作用于显色底物使其显色，分光光度计在合适波长下测定吸光度变化，依据标准曲线定量。

（二）临床应用

1. 脂多糖内毒素检测有助于重症监护室高危患者早期诊断革兰氏阴性菌所致脓毒症，结合症状体征等指导抗感染和支持治疗，降低死亡率。在制药和器械生产中，该方法可用于检测产品内毒素，确保产品安全，预防患者使用时的内毒素反应。

2. G 试验可用于侵袭性真菌感染早期诊断，以便及时治疗，提高患者生存率。该方法还可用于真菌病治疗监测：治疗中定期进行 G 试验，有助于临床医生评估治疗效果，依据结果调整治疗方案，实现动态监测优化。

第六章　临床微生物检验在感染性疾病诊断中的应用

第一节　细菌感染性疾病的诊断

一、细菌感染性疾病的常见临床症状

临床微生物检验在细菌感染性疾病的诊断与治疗过程中发挥着不可或缺的作用，为精准医疗提供了重要的依据和支持。细菌感染性疾病的临床症状具有复杂且多样化的特点，常常取决于感染所累及的具体部位以及细菌的种类。

（一）全身症状

发热是细菌感染较为常见且显著的全身性标志之一，体温升高的幅度、热型以及伴随症状因感染细菌的毒力、患者自身免疫力状况而异。同时，发热多伴随全身性中毒症状，包括畏寒、寒战、头痛、全身酸痛、乏力、恶心、食欲减退等。炎症病灶内的病原微生物侵入血液循环或其毒素进入血液后，可引发菌血症、毒血症和败血症等，进一步进展可导致感染性休克。

（二）局部症状

1.血流感染或骨髓感染。临床常见菌血症、脓毒血症等症状。

2.呼吸道细菌感染。临床常见咽痛、咳嗽、咳痰等症状。

3.消化道细菌感染。临床常见腹痛、腹泻、呕吐等症状。

4.泌尿系统细菌感染。临床常见尿频、尿急、尿痛、排尿不畅、腰疼等症状。

5.皮肤软组织感染。临床常见红、肿、热、痛等症状。

6.中枢神经系统感染。临床常见头痛、喷射性呕吐、颈部强直等症状。

二、微生物学检查

（一）直接镜检

1.涂片制备。根据怀疑的感染部位采集合适的标本，如痰液、尿液、粪便、血液、伤口分泌物等。将标本均匀涂抹在载玻片上，涂片应尽量薄而均匀，以利于后续观察。

2.染色方法。常用的染色方法包括革兰氏染色和抗酸染色。革兰氏染色是细菌学中最常用的染色方法，将细菌分为革兰氏阳性菌（染成紫色）和革兰氏阴性菌（染成红色），能够初步判断细菌的类型，为进一步诊断提供线索。抗酸染色主要用于检测结核分枝杆菌等抗酸杆菌，经过萋-尼氏染色后，抗酸杆菌呈红色，其他细菌和背景呈蓝色。在疑似结核病患者的痰液涂片检查中，若发现抗酸杆菌，对结核病的诊断具有重要提示作用。

（二）细菌培养技术

根据目标细菌对氧气的需求，可将其分为需氧菌、厌氧菌和微需氧菌。需氧菌在有氧环境下生长，厌氧菌则需要无氧环境，微需氧菌生长需要少量氧气。培养时间也因细菌生长速度而异，一般需要18~24小时，但结核分枝杆菌等生长缓慢的细菌可能需要数周时间才能观察到明显的生长。通过细菌培养可以获得纯培养物，进而进行细菌鉴定、药敏试验等。

（三）血清学试验

用已知抗体检测标本中或分离培养物中未知细菌的种、型或细菌抗原，称为血清学鉴定。血清学试验可分为血清学鉴定和血清学诊断两部分。

（四）常用的细菌抗原检测项目

1.免疫层析法快速检测肺炎链球菌抗原,可用于快速诊断肺炎链球菌感染,尤其适用于急诊和门诊的初步筛查。

2.将抗金黄色葡萄球菌抗体结合在乳胶颗粒上,与标本混合后观察乳胶颗粒的凝集情况,可用于初步检测金黄色葡萄球菌感染,如皮肤软组织感染(疖、痈、蜂窝织炎等)和败血症等疾病的快速筛查。

3.胶体金免疫层析法检测幽门螺杆菌抗体,可用于幽门螺杆菌感染的筛查和辅助诊断。

4.试管凝集试验检测布鲁氏菌抗体,可用于布鲁氏菌病的诊断、疫情监测和动物布鲁氏菌病的检疫。

5.利用斑点免疫金渗滤试验原理,检测人血清中结核分枝杆菌抗体,可用于结核病的辅助诊断。

（五）核酸检测技术

核酸分子检测技术具有灵敏度高和特异性强的特点,能够快速精准识别病原体种类。例如,下呼吸道病原菌六项核酸检测,该项目可同时检测肺炎克雷伯菌、金黄色葡萄球菌、流感嗜血杆菌、嗜肺军团菌、铜绿假单胞菌、肺炎链球菌这 6 种病原菌;此外,常见的检测项目还有结核分枝杆菌核酸检测、淋病奈瑟球菌核酸检测、B 族链球菌核酸检测等。

三、血液、骨髓感染性疾病

（一）送检指征

有全身或局部感染症状的患者均有可能发生菌血症或败血症,建议采集血培养标本。

（二）标本采集

最好在用抗菌药物前穿刺采集静脉血,注入血培养瓶(需氧瓶及厌氧瓶),

血量与培养液的比例应为 1 ∶ 5~1 ∶ 10，建议双侧双套，及时送检。采集后血培养瓶应在 2 小时内送到实验室上机。若不能及时送检，需要在常温下保存，不超过 24 小时，不能冷藏。

（三）血液中常见的病原菌

1. 革兰氏阳性球菌。葡萄球菌属（金黄色葡萄球菌、凝固酶阴性葡萄球菌）、链球菌属（肺炎链球菌、B 群链球菌、草绿色链球菌等）、肠球菌（粪肠球菌、屎肠球菌、鸟肠球菌）等。

2. 革兰氏阴性球菌。脑膜炎双球菌、卡他莫拉菌等。

3. 革兰氏阳性杆菌。产单核李斯特菌等。

4. 革兰氏阴性杆菌。大肠埃希菌、肺炎克雷伯菌、铜绿假单胞菌、不动杆菌属、沙门菌、流感嗜血杆菌、多杀巴斯德菌、气单胞菌、布鲁氏菌、沙雷菌等。

5. 其他。真菌和厌氧菌。

（四）微生物学检查

1. 血培养阳性以危急值方式分级报告，通常采取三级报告制度。

（1）一级报告：血培养仪器报阳后，需要立即取报阳瓶完成涂片革兰氏染色、镜检，同时转种血平板、巧克力平板。尽量在 1 小时内将阳性血培养瓶类型、报阳时间、直接涂片革兰氏染色结果通过实验室信息系统（laboratory information system，LIS）或电话通知主管医生。

（2）二级报告：对转种的平板菌落进行细菌鉴定，将菌名结果报告主管医生。

（3）三级报告：检验人员需要及时审核发布包括菌名、报阳时间、标准药敏结果的报告单。

2. 血培养假阳性。

（1）在白血病等白细胞增多的疾病中，或采血量过多时，因血培养瓶中血细胞数量过多，瓶中的 CO_2 气体也会迅速增加，造成假阳性结果。

（2）血培养污染菌：采血时即使严格遵守无菌操作，仍有约 3% 的血培养瓶会培养出皮肤（如表皮葡萄球菌、痤疮丙酸杆菌等）或周围环境（如芽孢杆菌属）中的常见菌，尤其是单瓶检出时提示污染菌。污染菌不做药敏试验，但应报告给临床并提示临床可能为污染。

（3）血培养假阴性：最常见原因是采血时患者已经使用抗菌药物，或是难培养的苛养菌。

（五）分子生物学技术

分子生物学技术包括核酸杂交技术、核酸扩增及 DNA 序列分析技术、基因芯片技术、测序技术等。

四、呼吸道感染性疾病

（一）送检指征

患者出现流涕、咳嗽、咳脓血痰、咽痛、高热、胸痛、呼吸困难、发热等临床症状，或疑似肺炎、肺结核、白喉、猩红热、百日咳等疾病，均可做呼吸道病原检测。

（二）标本采集

1.痰标本以晨痰为佳。

2.在应用抗菌药物之前采集标本。

3.鼻咽拭子采集时间没有严格限制，但应于抗菌药物治疗前采集为佳。

（三）呼吸道正常菌群

上呼吸道正常菌群有草绿色链球菌、奈瑟氏菌、嗜血杆菌、棒状杆菌、微球菌、表皮葡萄球菌等。

（四）呼吸道感染常见的病原菌

1.革兰氏阳性致病菌。肺炎链球菌、金黄色葡萄球菌、化脓性链球菌、结核分枝杆菌、放线菌、诺卡菌、白喉棒状杆菌等。

2.革兰氏阴性致病菌。流感嗜血杆菌、卡他莫拉菌、肺炎克雷伯菌、铜绿假单胞菌、鲍曼不动杆菌、脑膜炎奈瑟菌、其他肠杆菌科细菌、嗜肺军团菌等。

（五）微生物学检查

1. 痰液标本直接涂片镜检，用于评价标本质量，可观察细菌形态和白细胞情况，初步判断感染。显微镜下细胞学检查，合格痰标本鳞状上皮细胞 < 10 个 / 低倍视野，白细胞 > 25 个 / 低倍视野；或鳞状上皮细胞 10~25 个 / 低倍视野，白细胞 > 25 个 / 低倍视野（白细胞与鳞状上皮细胞的数量比值 > 2.5）。对于被口咽部菌群污染的标本要予以拒收，并建议临床再次采集合格标本送检。

2. 细菌培养可确定病原菌种类和药敏情况。

3. 涂片和培养同时出现的细菌，并且是涂片中被吞噬细胞吞噬的细菌，应考虑是致病菌。

4. 抗原检测和核酸检测可快速诊断相关疾病，如肺炎链球菌抗原检测和流感嗜血杆菌核酸检测等，有助于早期治疗。

五、消化道感染性疾病

（一）送检指征

1. 患者多出现发热、腹痛、腹泻、里急后重、脓血样大便等感染性腹泻症状，疑似志贺菌、沙门菌、弧菌科细菌、致病性大肠埃希菌、小肠结肠炎耶尔森菌感染。

2. 患者长期使用抗生素后出现腹泻，要考虑抗生素相关性腹泻，可能引起的致病菌有金黄色葡萄球菌、艰难梭菌。

（二）标本采集

粪便标本不能混入尿液及其他异物。用无菌竹签挑取标本中的异常部分（有黏液、脓液和血液的部分）2~5 mL（粪便悬液）或 2~5 g（粪便标本），置于无菌螺帽容器中，立即送检。若不能及时送检，应放入运送培养基运送和保存。

（三）正常粪便中菌群比例

健康人肠道内经常寄居着大量的厌氧菌和小部分的兼性厌氧菌。肠道中细菌种类受食物的影响，通常以革兰氏阴性菌占优势，可有少量的革兰氏阳性球菌和真菌。

（四）消化道感染常见的病原菌

1.革兰氏阳性致病菌。金黄色葡萄球菌、艰难梭菌等。

2.革兰氏阴性致病菌。沙门菌、志贺菌、致病性大肠埃希菌、弧菌属细菌、气单胞菌、邻单胞菌、小肠结肠炎耶尔森菌、空肠弯曲菌等。

（五）微生物学检查

1.直接涂片镜检，通过显微镜检查，可观察到标本细菌、真菌、寄生虫等微生物的形态和数量，了解菌群比例，判断有无菌群失调。

2.细菌培养可确定病原菌种类和药敏情况。

3.细菌抗原检测和核酸检测可快速诊断相关疾病，如艰难梭菌抗原检测和毒素基因检测等。

六、泌尿系统感染性疾病

（一）送检指征

患者出现血尿、发热、尿频、尿急、尿痛等症状。

（二）标本采集

用专用无菌螺旋盖尿杯直接留取中段尿，并注意密封。

（三）常见病原菌

1.革兰氏阳性致病菌。金黄色葡萄球菌、腐生葡萄球菌、肠球菌等。

2.革兰氏阴性致病菌。大肠埃希菌、肺炎克雷伯菌、变形杆菌、产气肠杆菌、铜绿假单胞菌等。

（四）微生物学检查

1.尿液涂片革兰氏染色后镜检，可观察到细菌和白细胞，初步判断是否存在感染。

2.尿培养结果应结合尿常规、培养菌种和菌落计数等数据，综合分析所检出的细菌是致病菌还是定植菌。若经分析确定为致病菌，可进行药敏试验，根据结果指导临床用药。

3.分子检测技术，如结核分枝杆菌核酸检测等。

七、中枢神经系统感染性疾病

（一）送检指征

患者出现高热、头痛、呕吐、颈项强直等典型的脑膜刺激征，皮肤黏膜可出现瘀点、瘀斑，严重者可出现昏迷、抽搐等症状。

（二）标本采集

由临床医生无菌采集脑脊液标本，及时送检。

（三）常见的病原菌

1.脑膜炎奈瑟菌可引起流行性脑膜炎。

2.肺炎链球菌可引起化脓性脑膜炎。

3.结核分枝杆菌可引起结核性脑膜炎。

（四）微生物学检查

1.脑脊液直接涂片镜检。针对脑膜炎奈瑟菌，可采用革兰氏染色，观察到革兰氏阴性双球菌；针对结核分枝杆菌，可采用抗酸染色，寻找抗酸杆菌。

2.细菌培养是确诊的重要方法，将脑脊液接种于巧克力琼脂平板（针对脑膜炎奈瑟菌）、血琼脂平板（针对肺炎链球菌）等进行培养。

3.核酸检测技术可快速检测病原菌核酸，如结核分枝杆菌核酸检测对早期诊断结核性脑膜炎具有重要意义。

八、化脓性、创伤性感染性疾病

（一）送检指征

患者感染轻微时可能无全身症状，局部症状多见红、肿、热、痛和功能障碍，这是化脓性感染的典型症状。感染较重时常有发热、头痛、全身不适、乏力、食欲减退等症状。全身性感染严重的患者可发生感染性休克。这些迹象都提示有炎症或化脓灶，应采集相应部位的标本做细菌培养，对无明显指示部位的感染可采集血液培养。

若有以下症状，可考虑厌氧菌感染：感染局部产生气体、分泌物呈恶臭气味、分泌物带血或黑色、感染部位发生在黏膜处（如肛门、宫颈等靠近黏膜的部位）。厌氧菌感染的易感因素包括全身免疫功能下降、慢性病、局部免疫功能下降且具备厌氧菌感染条件。

（二）标本采集

无菌采集感染部位的标本。某些内脏器官的化脓感染不易判断时，建议同时做血培养。

（三）常见的病原菌

常见的病原菌可能源于患者体内定植菌或外界入侵细菌。

1.革兰氏阳性球菌。金黄色葡萄球菌、化脓性链球菌、肺炎链球菌、肠球菌等。

2.革兰氏阴性球菌。卡他莫拉菌、淋病奈瑟球菌、脑膜炎奈瑟菌等。

3.革兰氏阳性杆菌。破伤风梭菌、产气荚膜梭菌、分枝杆菌等。

4.革兰氏阴性杆菌。大肠埃希菌、肺炎克雷伯菌、铜绿假单胞菌、变形杆菌等。

5.其他。厌氧菌、放线菌、诺卡菌、真菌等。

（四）微生物学检查

1.标本涂片革兰氏染色后镜检，可观察到细菌染色及形态，初步判断病原菌类型。

2.细菌培养可确定病原菌种类，将标本接种于血平板等培养基进行培养，根据菌落特征和生化反应鉴定细菌。药敏试验对于选择合适的抗生素治疗至关重要，因为皮肤软组织感染易出现耐药菌。

3.分子检测技术，如脓肿标本做分枝杆菌核酸检测等。

4.厌氧菌培养。血液或封闭脓肿做厌氧菌培养时，若标本量充足，可直接将标本注入厌氧血培养瓶；若标本量少，可床旁接种厌氧平板放入厌氧袋。厌氧菌培养标本应做涂片革兰氏染色，涂片结果可佐证分离出的厌氧菌种类。

第二节　真菌感染性疾病的诊断

一、临床症状

不同部位的真菌感染呈现出各异的症状和体征，这些可作为初步诊断线索。肺部真菌感染可能导致咳嗽、咳痰、胸痛、发热、咯血、呼吸困难等症状，与一般的细菌或病毒性肺炎在临床表现上有一定的相似性，但真菌感染的症状往往更为隐匿且持续时间较长，尤其是在免疫功能低下的患者中更为明显。对于泌尿系统的真菌感染，常见尿频、尿急、尿痛等尿路刺激症状，以及尿液性状的改变，如尿液浑浊、血尿等。通过对这些特异性和非特异性临床表现的细致观察，临床医生能够初步怀疑真菌感染的可能性，并进一步安排相应的检查以明确诊断。

二、微生物学检查

（一）直接镜检

根据感染部位采集合适的标本，如肺部感染取痰液，生殖道感染取分泌物，皮肤感染取皮屑、毛发等。在显微镜下若见菌丝或孢子可初步诊断，但无法确定真菌种类，且阳性率低。

（二）真菌培养法

将标本接种到真菌培养基进行培养，根据真菌菌落及镜下孢子、菌丝特征，对真菌进行初步鉴定到属或种的水平。但真菌培养周期较长，一般需要数天至数周，对于一些生长缓慢的真菌不适用。

（三）抗原检测

1.利用免疫学方法检测真菌抗原，具有快速、灵敏的特点，能够在疾病早期提供诊断依据，同时还可以对疾病的进展和治疗效果进行动态监测。

2.常进行 G 试验、半乳甘露聚糖（galactomannan，GM）试验、隐球菌荚膜多糖抗原检测、念珠菌甘露聚糖抗原检测、曲霉抗体检测等，这些方法快速、灵敏，可早期诊断和监测病情。但需要注意，可能有假阳性或假阴性结果，临床需要结合患者症状和其他检查综合分析。

（四）核酸检测技术

分子技术具有高度的敏感性和特异性，能够快速检测到临床标本中微量的真菌核酸，对于一些难以培养或生长缓慢的真菌，如深部感染的隐球菌、组织胞浆菌、毛霉菌以及一些混合感染的情况，核酸检测能够更准确、更快速地确定真菌的种类和感染情况。同时，核酸检测还可以对真菌的基因分型、耐药基因进行检测，为临床治疗提供更全面的信息。但核酸检测技术对实验环境和操作要求较高，容易受到污染而出现假阳性结果，且检测成本相对较高，可与其他传统检测方法相结合，以提高真菌感染诊断的准确性和及时性。

三、念珠菌病

（一）标本采集

根据感染部位无菌采集血液、尿液、痰液等标本。

（二）直接镜检

涂片经染色处理后镜检，可见芽生孢子和假菌丝，阳性率低。

（三）真菌培养

接种到沙保罗培养基、显色培养基进行培养，可通过质谱仪、生化试验、显色等方法鉴定菌种。

（四）真菌抗原检测

可进行 G 试验、GM 试验等。

（五）真菌核酸检测

PCR 扩增特定基因片段鉴定种属和定量检测载量，该方法敏感特异，但要防止污染。

四、曲霉病

（一）标本采集

呼吸道标本如痰液、支气管肺泡灌洗液等很重要，还有肺外感染部位的相应标本。

（二）直接镜检

涂片染色后镜检，菌丝有分隔和锐角分支，阳性率低但有诊断价值。

（三）真菌培养

接种合适的培养基，菌落形态多样，通过观察菌落形态、染色后的镜下形态初步鉴定种属。可用质谱仪鉴定种属。

（四）真菌抗原检测

可进行 GM 试验、曲霉特异性抗体检测，这些方法对侵袭性曲霉病诊断很重要，但可能有假阳性或假阴性结果，要综合判断。

（五）真菌核酸检测

PCR 技术扩增曲霉的特异性基因片段，可快速、灵敏地检测临床标本中的曲霉核酸，对于早期诊断侵袭性曲霉病具有重要价值。核酸检测能够在短时间内得到结果，且不受真菌生长状态的影响。对于一些难培养或生长缓慢的曲霉，以及在血清学检测结果不明确的情况下，核酸检测可以作为有效的补充诊断手段，但需要注意避免标本污染导致的假阳性结果，需要结合临床综合判断。

五、隐球菌病

（一）标本采集

脑脊液、血液、肺泡灌洗液、痰液等标本。

（二）直接镜检

脑脊液离心沉淀涂片墨汁染色，可见有荚膜的酵母细胞，阳性率低。需要注意一些荚膜较薄或菌体数量较少的标本，可能漏检，因此需要结合其他检查方法进行确诊。

（三）真菌培养法

接种沙保罗培养基进行培养，菌落为黏液样，湿润、光滑，颜色初为白色，逐渐变为奶油色或黄色。通过质谱仪、细菌鉴定仪可鉴定种属。

（四）真菌抗原检测

可进行隐球菌荚膜多糖抗原检测，该方法灵敏特异，对于隐球菌性脑膜炎的早期诊断和病情监测具有重要意义。在疾病初期，脑脊液中的菌体数量较少，直接镜检和培养可能为阴性，但抗原检测为阳性，为临床诊断提供有力依据。

（五）真菌核酸检测

PCR 扩增特定基因片段鉴定种属，具有高度的敏感性和特异性，能够检测到极低浓度的隐球菌核酸，可辅助诊断，但操作要求高、易污染、成本高，可与传统的诊断方法相结合，以提高隐球菌病的诊断水平。

第三节　病毒感染性疾病的诊断

一、临床症状

不同的病毒感染会导致不同的临床症状。流感病毒感染后，通常会出现高热、头痛、肌肉疼痛、乏力、咳嗽、流涕等典型症状。轮状病毒感染主要表现为腹泻、呕吐、腹痛等胃肠道症状。感染麻疹病毒后，患者口腔黏膜可出现科氏斑，皮肤会出现红色斑丘疹。通过对这些临床症状和体征的观察，可以初步怀疑某种病毒感染，为后续的检验提供方向。

二、病毒感染核酸检测技术

（一）样本采集

样本采集部位取决于病毒可能存在的位置和感染的部位。对于呼吸道病毒感染，采集鼻咽拭子、口咽拭子、肺泡灌洗液、痰液等；对于肠道病毒感染，采集粪便样本；对于血液传播病毒（如乙肝病毒、丙肝病毒、HIV 等），采集静脉血；对于神经系统病毒感染，采集脑脊液样本。

（二）常见呼吸道病毒核酸检测

1.新型冠状病毒核酸检测。

（1）样本：鼻咽拭子、口咽拭子、痰液等，鼻咽拭子需要取鼻咽后壁上皮细胞。

（2）方法：采用 qPCR 技术，通过检测病毒的特定基因片段（如 N 基因、E 基因等）确认病毒存在。检测过程中，通过观察荧光信号的强度和变化，可以判断结果以及病毒载量。

（3）意义：诊断新型冠状病毒感染的关键手段，用于发现感染者并控制传播。

2.流感病毒核酸检测。

（1）样本：鼻咽拭子、鼻腔洗液等。

（2）方法：采用 RT-qPCR 技术，先将流感病毒的 RNA 逆转录为 cDNA，再进行 qPCR 扩增。检测的基因靶点包括 M 基因（基质蛋白基因）、HA 基因（血凝素基因）和 NA 基因（神经氨酸酶基因）等，这些基因对病毒分型和诊断具有重要价值。

（3）意义：区分流感病毒的类型（如甲型、乙型等）和亚型，有助于针对性治疗和疫情防控，减少病毒传播。

3.呼吸道合胞病毒核酸检测。

（1）样本：鼻咽拭子或鼻咽吸取物。

（2）方法：采用 RT-qPCR 技术，检测特异性基因片段确定感染。

（3）意义：呼吸道合胞病毒是婴幼儿下呼吸道感染的重要病原体，早期诊断有助于及时采取治疗措施，减少严重呼吸道疾病的发生。

（三）肠道病毒核酸检测

1.轮状病毒核酸检测。

（1）样本：粪便标本。

（2）方法：采用 RT-qPCR 技术，通过检测轮状病毒的重要结构基因（如 VP7 基因、VP4 基因等）确定感染及病毒血清型。该技术具有高灵敏度和高特异性。

（3）意义：诊断婴幼儿腹泻，指导治疗和防控，尤其在腹泻流行季节，快速准确检测有助于控制疫情。

2.诺如病毒核酸检测。

（1）样本：粪便、呕吐物。

（2）方法：采用 RT-qPCR 技术，检测诺如病毒的 ORF1 和 ORF2 基因区域，确定病毒存在及基因型。该技术具有高灵敏度和高特异性。

（3）意义：诺如病毒具有高度传染性，可引起急性胃肠炎。诺如病毒核酸检测对于确诊感染、疫情监测和控制具有重要价值。

（四）血液传播病毒核酸检测

1. 乙型肝炎病毒（hepatitis B virus，HBV）核酸检测。

（1）样本：静脉血分离血清、血浆。

（2）方法：采用 qPCR 技术，检测 HBV-DNA。

（3）意义：用于评估乙肝病毒复制状态、传染性和治疗效果。与传统乙肝标志物检测（如乙肝两对半等）相比，核酸检测能够更直接地反映病毒在体内的活动情况。

2. 丙型肝炎病毒（hepatitis C virus，HCV）核酸检测。

（1）样本：静脉血分离血清、血浆。

（2）方法：采用 RT-qPCR 技术，检测 HCV-RNA。

（3）意义：用于诊断丙型肝炎、评估疗效及监测病毒复发，尤其对症状不明显的感染者具有早期诊断价值。

（五）性传播病毒核酸检测

1. 人类免疫缺陷病毒（HIV）核酸检测。

（1）样本：静脉血。

（2）方法：采用 RT-qPCR 技术，检测 HIV-RNA，确定感染、载量及评估治疗效果。

（3）意义：用于艾滋病早期诊断、病情监测和抗病毒治疗效果评估，尤其在窗口期可更早地发现感染，对于控制病毒传播和早期治疗非常重要。

2. 人乳头瘤病毒（HPV）核酸检测。

（1）样本：宫颈脱落细胞，病变组织或分泌物。

（2）方法：采用 PCR 或杂交捕获技术，检测 HPV-DNA，重点关注与宫颈癌密切相关的高危型 HPV（如 HPV16、HPV18 等）。

（3）意义：用于宫颈癌筛查和 HPV 感染诊断。

3. 单纯疱疹病毒（herpes simplex virus，HSV）核酸检测

（1）样本：根据感染部位采集相应样本，如生殖器疱疹者采集水疱液、

溃疡面拭子或局部组织，中枢神经系统感染者采集脑脊液。

（2）方法：采用 PCR 技术，检测病毒核酸，通过扩增特定基因片段确定感染及病毒类型（HSV-1 或 HSV-2）。

（3）意义：可早期快速诊断单纯疱疹病毒感染，尤其对于不典型症状或无症状感染患者，有助于及时治疗，防止病毒传播和并发症发生。例如，生殖器疱疹可能引起新生儿感染，早期诊断有助于及时采取相应措施，防止母婴传播。

4. 淋病奈瑟球菌核酸检测。

（1）样本：男性患者常采集尿道拭子、直肠拭子，女性患者常采集宫颈拭子或阴道分泌物。

（2）方法：采用 PCR 技术，检测淋球菌的特定基因序列。

（3）意义：实现快速诊断淋病。对于无症状或症状不典型患者，核酸检测能有效提高诊断率，及时发现和治疗，避免病情迁延和传播。淋病若不及时治疗，可能引发附睾炎、盆腔炎等并发症，还可能增加感染其他性传播疾病的风险。

三、病毒感染抗原、抗体检测

（一）呼吸道病毒感染性疾病

1. 新型冠状病毒。

（1）抗原检测。

①样本：鼻咽拭子、口咽拭子。

②方法：免疫层析法（胶体金法）。

③意义：用于大规模快速筛查，辅助核酸检测。

（2）抗体检测。

①方法：ELISA 或化学发光法。

②意义：IgM 提示近期感染，IgG 提示既往或恢复期感染；双份血清 IgG 滴度变化有助于确诊，还可评估免疫及疫苗效果。

2. 流感病毒。

（1）抗原检测。

①样本：鼻咽拭子或鼻腔洗液，取鼻腔黏膜抗原。

②方法：免疫层析法（胶体金法）。

③意义：用于流感季区分流感与其他呼吸道疾病，辅助诊断及用药。

（2）抗体检测。

①方法：ELISA。

②意义：用于回顾性诊断，了解感染率和免疫状况，补充诊断及评估疫苗效果。

3. 呼吸道合胞病毒。

（1）抗原检测。

①样本：鼻咽拭子或支气管肺泡灌洗液。

②方法：免疫荧光法或酶免疫法。

③意义：用于诊断婴幼儿和老年人等易感人群感染，辅助治疗及防控传播。

（2）抗体检测。

①方法：ELISA 或间接免疫荧光法。

②意义：用于辅助诊断和流行病学调查。

（二）肠道病毒感染性疾病

1. 轮状病毒。

（1）抗原检测。

①样本：粪便标本。

②方法：ELISA。

③意义：用于确定婴幼儿腹泻病因，指导治疗护理和疫情防控。

（2）抗体检测。

①方法：ELISA。

②意义：用于辅助诊断及流行病学调查，了解感染率和免疫水平。

2. 诺如病毒。

（1）抗原检测。

①样本：粪便和呕吐物。

②方法：ELISA 或免疫层析法。

③意义：用于急性胃肠炎暴发时筛查感染，控制疫情并指导治疗。

（2）抗体检测。

①方法：ELISA。

②意义：用于诊断和疫情调查，确定感染范围，评估疫苗接种必要性和效果。

（三）血液传播病毒感染性疾病

1. 乙型肝炎病毒。

（1）抗原检测。

①样本：静脉血。

②方法：ELISA 和化学发光免疫分析法。

③意义：乙肝感染重要标志物，用于筛查、诊断、评估病程等。

（2）抗体检测。

①方法：ELISA 和化学发光免疫分析法。

②意义：综合分析不同抗体，判断感染状态，指导诊断、治疗和预防。

2. 丙型肝炎病毒。

（1）抗原检测。

①样本：静脉血。

②方法：ELISA，但灵敏度低。

③意义：初步筛查手段，需要与其他方法联用。

（2）抗体检测。

①方法：ELISA 和化学发光免疫分析法。

②意义：丙肝筛查是重要手段，HCV 抗体阳性提示既往感染，需要进一步检测 HCV-RNA 以确定现症感染。

（四）性传播病毒感染性疾病

1.HIV 抗原检测。

（1）样本：静脉血。

（2）方法：免疫层析法、ELISA 和化学发光免疫分析法。

（3）意义：用于早期诊断（窗口期），补充诊断手段。

2.HIV 抗体检测。

（1）方法：初筛用 ELISA 和化学发光免疫分析法；确认用免疫印迹法（western blotting，WB），通过 HIV 蛋白抗原电泳转印后与血清抗体反应，显色条带判断结果。

（2）意义：艾滋病诊断关键，初筛阳性需要经确认试验确诊，同时用于流行病学调查和感染状况评估。

第四节　其他微生物感染性疾病的诊断

一、支原体检测项目

（一）培养法

1.原理。在营养丰富的培养基、适宜湿温度环境下，支原体经过 3~7 天培养可形成油煎蛋样菌落。

2.样本。根据感染部位采集相应样本，呼吸道感染采集痰液或咽拭子，泌尿生殖道感染采集尿道（男性患者）或宫颈分泌物（女性患者）。

3.应用局限。培养法虽然是诊断支原体感染的"金标准"，可明确病原体种类并进行药敏试验，但存在耗时长、操作复杂等不足，部分支原体因培养难度大可能导致假阴性结果。

（二）血清学检测

1.原理。ELISA、补体结合试验（complement fixation test，CFT）等。

2.意义。IgM 抗体阳性通常提示近期感染，IgG 抗体阳性可能表示既往感染或感染恢复期。血清学检测操作简便，用于辅助诊断和流行病学调查。

（三）核酸检测

1.原理。利用 PCR 扩增 16S rRNA 等基因片段，利用 qPCR 进行核酸定量检测。

2.应用优势。核酸检测具有灵敏度高、特异性强的特点，用于呼吸道支原体和泌尿生殖道支原体感染的快速早期诊断。

二、衣原体检测项目

（一）抗原检测

1.原理。免疫层析法、ELISA 等。

2.应用优势。抗原检测操作简便、快速，适合临床筛查。对于沙眼衣原体引起的泌尿生殖道感染和眼部感染，抗原检测能够及时发现感染，为治疗提供依据。

（二）核酸检测

1.原理。qPCR、巢式 PCR 等。

2.应用优势。核酸检测具有高灵敏度和高特异性，广泛应用于早期诊断和无症状感染检测，适用于性传播疾病、产前检查及呼吸道感染诊断。

三、立克次体检测项目

（一）血清学检测

1.原理。外斐反应、ELISA、间接免疫荧光法等。

2.应用优势。对诊断和流行病学调查具有参考价值，IgM 抗体阳性通常提示近期感染。外斐反应特异性低，其他方法可能受抗体产生时间影响，在感染早期抗体滴度较低时出现假阴性结果。

（二）核酸检测

1. 原理。qPCR。

2. 应用优势。快速、灵敏、特异，可用于早期诊断，在血清学检测结果不明确时提供诊断依据，特别适用于蜱传立克次体病（如斑疹伤寒、恙虫病等）的诊断。

四、螺旋体检测项目

（一）暗视野显微镜检查

1. 原理。通过暗视野显微镜观察患者标本（如梅毒螺旋体检测可采用硬下疳渗出液、梅毒疹渗出液或淋巴结穿刺液等）中螺旋体的形态和运动方式，进行初步感染判断。

2. 应用局限。该方法依赖检验人员经验，敏感性较低，且无法区分梅毒螺旋体的不同亚种和型别。

（二）血清学检测

1. 方法。非梅毒螺旋体抗原血清试验，如快速血浆反应素环状卡片试验（rapid plasma reagin circle card test，RPR）、甲苯胺红不加热血清试验（tolulized red unheated serum test，TRUST），用于检测抗心磷脂抗体。梅毒螺旋体抗原血清试验，如梅毒螺旋体颗粒凝集试验（Treponema pallidum particle agglutination assay，TPPA）、梅毒螺旋体酶联免疫吸附试验（Treponema pallidum-ELISA，TP-ELISA），用于检测梅毒螺旋体特异性抗体。

2. 意义。用于梅毒的诊断、监测和流行病学调查。非梅毒螺旋体抗原血清试验用于初筛和疗效观察，梅毒螺旋体抗原血清试验用于确诊。但需要注意，血清学检测可能有假阳性或假阴性结果，如自身免疫性疾病、妊娠状态可能引起非梅毒螺旋体抗原血清试验假阳性，应结合临床症状和其他检测方法综合判断。

第七章　临床微生物检验在医院感染控制中的作用

第一节　医院感染监测概述

一、医院感染监测内涵

（一）医院感染

医院感染是指住院患者在医院内获得的感染，包括在住院期间发生的感染和在医院内获得出院后发生的感染，但不包括入院前已开始或入院时已处于潜伏期的感染。医院工作人员在医院内获得的感染也属于医院感染范畴。医院感染监测对象涵盖住院患者和医院工作人员。

（二）医院感染监测

医院感染监测通过长期、系统、连续地收集和分析医院感染在特定人群中的发生、分布及其影响因素，将监测结果报送并反馈给相关部门和科室，为医院感染的预防、控制和管理提供科学依据。

根据监测范围，医院感染监测分为全院综合性监测和目标性监测。

1. 全院综合性监测是指持续对所有临床科室的全部住院患者和工作人员进行感染情况及其相关风险因素的监测。

2. 目标性监测是针对高风险人群、高发感染部位、高感染风险部门等开展的专项感染监测。

二、医院感染环境监测内涵

医院感染环境监测是感染控制的重要环节，通过对医院环境中可能引发感染的各种因素进行微生物检验、分析和评估，及时识别潜在感染风险，从而有效预防和控制医院感染，保障医疗安全。

医院感染环境监测方法包括：对医院环境进行定期采样，监测对象涵盖空气、物体表面、医务人员手部、医疗器械、透析用水、灭菌效果等，通过判断致病微生物的种类和数量是否超标，及时采取控制措施，阻断传播链。重点监测区域包括手术室、重症监护病房（intensive care unit，ICU）、产房、母婴室、新生儿病房（室）、血液净化室、消毒供应中心无菌区、治疗室、换药室等，需要开展周期性环境卫生学监测。当发生医院感染流行且疑似与环境因素相关时，应立即启动监测程序。监测操作及卫生标准须符合国家相关规定。严格执行常规环境监测和配套管理措施，可有效降低医院感染发生风险，保障患者及医务人员的健康安全。

第二节　医院感染环境监测方法

一、环境卫生学监测标本采样及检验原则

（一）送检时间

采样后应尽快对样品进行相应指标的检验，送检时间不得超过 4 小时；若样品保存于 0~4 ℃，送检时间不得超过 24 小时。

（二）检验要求

不推荐医院常规开展灭菌物品的无菌检验，当流行病学调查怀疑医院感染事件与灭菌物品有关时，再进行相应物品的无菌检验。常规监督检查可不进行致病性微生物检验，涉及疑似医院感染暴发调查或工作中怀疑微生物污染时，应进行目标微生物检验。

（三）检验设备

可使用经验证的现场快速测试仪进行环境、物体表面等微生物污染情况和医疗器材清洁度的监督筛查。该仪器也可用于医院清洗效果检查和清洗程序的评价和验证。

（四）质量控制

1. 做好培养基及样本采集液的质量控制，确保其无菌和量的准确，确保培养基生长实验合格。
2. 标本采集严格按照采集要求进行。
3. 做好培养箱的温度控制。

二、空气消毒效果监测

（一）采样要求

通常选择室内消毒处理后或医疗活动前进行空气标本的采样，若选择其他时段采样须注明。使用普通营养琼脂平板采样。

（二）采样高度

平板置于距地面垂直高度 1 m 处。

（三）布点方法

室内面积 < 30 m²，设一条对角线上取 3 点采样，即中心 1 点，两端各距墙 1 m 处取 1 点：室内面积 > 30 m²，设东、南、西、北、中 5 点采样，其中东、南、西、北 4 点均距墙 1 m。

（四）采样方法

1. Ⅰ类环境包括采用空气洁净技术的诊疗场所，分为洁净手术部和其他洁净场所。Ⅱ类环境包括非洁净手术部、产房、导管室、血液病病区、烧伤病区等保护性隔离病区，重症监护病区，新生儿室等。Ⅲ类环境包括母婴同室、消毒供应中心的检查包装灭菌区和无菌物品存放区、血液透析中心（室）、其他普通住院病区等。Ⅳ类环境包括普通门诊、急诊及其检查、治疗室，感染性疾病科门诊和病区等。

2. Ⅰ类环境可选择平板暴露法和空气采样器法。Ⅱ类、Ⅲ类、Ⅳ类环境采用平板暴露法。将直径 9 cm 普通营养琼脂平板放置在各采样点，打开皿盖扣放于平板旁，暴露规定时间（Ⅱ类环境暴露 15 分钟，Ⅲ类、Ⅳ类环境暴露 5 分钟）后盖上皿盖，及时送检。

3. 将送检平板置于（36±1）℃恒温培养箱培养 48 小时，计数菌落数，必要时分离致病性微生物。

（五）结果处理

1. 结果计算公式。

细菌菌落总数 = 平板菌落数 / 平板数

2. 平板如有菌生长，计算所有平板的菌落数，按公式换算结果。挑取可疑菌落进行鉴定，排除金黄色葡萄球菌、β 溶血链球菌、铜绿假单胞菌等病原微生物的检出。若为儿科病房、爱婴区、新生儿科、儿科重症监护病房的标本，排除检出沙门菌。若检出以上病原菌，在报告上注明菌名、菌量，否则只报告细菌菌落总数。

3. 参考值。

（1）Ⅰ类、Ⅱ类环境空气菌落总数≤ 4.00 CFU/15min·Φ90 皿。

（2）Ⅲ类、Ⅳ类环境空气菌落总数≤ 4.00 CFU/5min·Φ90 皿。

（3）Ⅰ级洁净手术室手术区空气菌落总数≤ 0.20 CFU/30 min·Φ90 皿。

（4）Ⅰ级洁净手术室周边区空气菌落总数≤ 0.40 CFU/30 min·Φ90 皿。

（5）Ⅱ级洁净手术室手术区空气菌落总数≤ 0.75 CFU/30 min·Φ90 皿。

（6）Ⅱ级洁净手术室周边区空气菌落总数≤ 1.50 CFU/30 min·Φ90 皿。

（7）Ⅲ级洁净手术室手术区空气菌落总数≤ 2.00 CFU/30 min·Φ90 皿。

（8）Ⅲ级洁净手术室周边区空气菌落总数≤ 4.00 CFU/30 min·Φ90 皿。

三、物体表面消毒效果监测

（一）采样要求

选择物体表面消毒处理后 4 小时内进行采样。

（二）采样面积

被采样表面< 100 cm^2 时，取全部表面：被采样表面≥ 100 cm^2 时，则取 100 cm^2 进行采样。

（三）采样方法

用 5 cm × 5 cm 的标准灭菌规格板，放在被检物体表面，用浸有生理盐水的无菌棉拭子，在规格板内横竖往返各涂抹 5 次，并随之转动拭子，连续采样 1~4 个规格板面积，剪去手接触部位，将拭子放入装有 10 mL 复合中和洗脱液试管中送检。门把手等小型物体可用直接涂抹物体的方法采样。

（四）样本处理

1.将临床送检的采样试管振打混匀，吸取 1 mL 标本，用倾注法或涂抹法接种于普通营养琼脂平板，置于（36 ± 1）℃恒温培养箱培养 48 小时，进行细菌计数并鉴定细菌。

2.结果计算公式。

细菌菌落总数 = 平均菌落数 × 10/100

3.参考值。

（1）Ⅰ类、Ⅱ类环境物体表面平均菌落数≤ 5 CFU/cm^2。

（2）Ⅲ类、Ⅳ类环境物体表面平均菌落数 ≤ 10 CFU/cm^2。

四、医护人员手卫生消毒效果监测

（一）采样时间

采取手卫生后，在接触患者或从事医疗活动前采样。

（二）采样方法

被检人五指并拢，用浸有生理盐水的无菌棉拭子，或专用采样液的棉拭子，在双手指屈面从指根到指端来回涂抹各 2 次（每只手涂擦面积 30 cm^2），并随之转动采样拭子，剪去手接触部位，将拭子放入装有 10 mL 复合中和洗脱液试管内送检。采样面积按 60 cm^2 计算。若采样时手上有消毒剂残留，采样液应含相应中和剂。

（三）样本处理

1. 将临床送检的采样试管振打混匀，吸取 1 mL 标本，用倾注法或涂抹法接种于普通营养琼脂平板，置于（36 ± 1）℃恒温培养箱培养 48 小时，进行细菌计数并鉴定细菌。

2. 结果计算公式。

细菌菌落总数 = 平均菌落数 × 10/60

3. 参考值。

（1）卫生手消毒后菌落总数 ≤ 10 CFU/cm^2。

（2）外科手消毒后菌落总数 ≤ 5 CFU/cm^2。

五、使用中消毒剂染菌量监测

（一）采样要求

采集使用中的消毒剂。

（二）采样方法

用无菌注射器抽取 1 mL 被检样品液，加入 9 mL 中和液，混匀。

（三）样本处理

1. 将临床送检的采样试管振打混匀，吸取 1 mL 标本，用倾注法或涂抹法接种于普通营养琼脂平板，置于（36±1）℃恒温培养箱培养 72 小时，进行细菌计数并鉴定细菌。

2. 结果计算公式。

消毒液染菌量 = 平板平均菌落数 × 10

3. 参考值。

（1）灭菌用消毒剂菌落总数 0 CFU/mL。

（2）消毒用消毒剂菌落总数 ≤ 100 CFU/mL。

六、医疗用品标本监测

（一）采样要求

对消毒或灭菌处理后且在有效期内的医疗用品进行采样。

（二）采样方法

对于可用破坏性方法取样的医疗用品，如输液（血）器、注射器、注射针等，无菌操作取其中的一部分放在培养液中培养。对于不可用破坏性方法取样的特殊医疗用品，可用浸有生理盐水的无菌棉拭子在被检物体表面涂抹采样，被采样表面 < 100 cm² 时取全部表面，被采样表面 ≥ 100 cm² 时取 100 cm²。

（三）样本处理

1. 将临床送检的采样液充分振荡，取 1 mL，将其加入无菌平板，每个平板加入已熔化的 45 ℃营养琼脂培养基 15~18 mL，边倾注边摇匀，待琼脂凝固，置于（36±1）℃恒温培养箱培养 48 小时，进行细菌计数并鉴定细菌。

2.结果计算公式。

菌落总数 = 平板菌落数平均值 × 稀释倍数

3.参考值。

（1）高度危险性医疗器材菌落总数 0 CFU/ 件。

（2）中度危险性医疗器材菌落总数 ≤ 20 CFU/ 件，不得检出致病性微生物。

（3）低度危险性医疗器材菌落总数 ≤ 200 CFU/ 件，不得检出致病性微生物。

七、内镜消毒灭菌效果监测

（一）采样方法

取清洗消毒后的内镜，采用无菌注射器抽取 50 mL 含相应中和剂的洗脱液，从活检口注入冲洗内镜管路，并全量收集送检。

（二）样本处理

1.将洗脱液充分混匀，取洗脱液 1 mL 接种于平板，每个平板加入冷至 40~45 ℃的熔化营养琼脂培养基 15~20 mL，置于（36±1）℃恒温培养箱培养 48 小时，计数菌落数。将剩余洗脱液在无菌条件下采用滤膜（0.45 μ将）过滤浓缩，将滤膜接种于凝固的营养琼脂平板上，置于（36±1）℃恒温培养箱培养 48 小时，计数菌落数。

2.结果计算公式。

（1）当滤膜法不可计数时：

菌落总数 = 平板菌落数平均值 ×50

（2）当滤膜法可计数时：

菌落总数 = 平板菌落数平均值 + 滤膜上菌落数

3.参考值。依据内镜消毒合格标准，菌落总数 ≤ 20 CFU/ 件。

八、透析液或透析用水监测

（一）采样方法

由临床工作人员采集标本。取样点至少应包括供水回路的末端。样本取样口应保持开启，并放水至少 60 秒后，对样本取样口进行消毒，可使用 75% 乙醇擦拭消毒出水口外表面 3 次，待乙醇完全挥发后方可采样。不能使用其他消毒剂。

（二）样本处理

1. 细菌培养操作。采用薄膜过滤法，使用 R2A 营养琼脂培养基，置于 17~23 ℃培养 168 小时（7 天）后，计数细菌总数。

2. 内毒素检验。用细菌内毒素测定仪检验。

（三）报告方式

1. 透析用水细菌总数 ≤ 100.0 CFU/mL，干预水平是最大允许水平的 50%。

2. 透析用水内毒素含量 ≤ 0.5 EU/mL，干预水平是最大允许水平的 50%。

九、灭菌器生物监测

（一）压力蒸汽灭菌效果监测

1. 物理监测法。

（1）每次灭菌应连续监测并连续记录灭菌温度、压力、时间等，应记录临界点的时间、温度与压力值等灭菌参数。灭菌温度波动范围在 3 ℃以内，时间满足最低灭菌时间的要求，同时应记录所有临界点的时间、温度与压力值，结果应符合灭菌的要求。

（2）每年应用温度压力测试仪监测温度、压力和时间等参数，将测试仪探头置于最难灭菌部位。

2. 化学监测法。

（1）监测时将化学指示胶带粘贴于每个待灭菌物品包外，通过观察颜色的变化，判断其是否经过灭菌处理，胶带长度不小于 3 个条纹。

（2）监测时将化学指示卡置于高危险性待灭菌物品包中央，卡的长度有标准对比色，通过观察颜色的变化，判断其是否达到灭菌条件。

3. 生物监测法。

（1）监测方法：取经过 1 次灭菌循环的待检自含式菌管，捏破管上方，使待检菌株和培养基混合，再置于（56±2）℃恒温培养箱培养 48 小时，观察培养结果。

（2）结果判定：

①未灭菌对照组培养阳性（黄色），试验组培养阴性（紫色），判定为灭菌合格。

②未灭菌对照组培养阳性（黄色），试验组培养阳性（黄色），判定为灭菌不合格。

（二）环氧乙烷灭菌效果监测

1. 监测方法。取临床送检的内有枯草杆菌黑色变种芽孢菌片的肉汤管，置于（36±1）℃恒温培养箱培养 48 小时，观察培养结果。

2. 结果判定。

（1）未灭菌对照培养阳性（浑浊），试验组培养阴性（澄清），判为灭菌合格。

（2）未灭菌对照培养阳性（浑浊），试验组培养阳性（浑浊），判定为灭菌不合格。

第三节　临床微生物检验与医院感染控制

一、病原学鉴定和监测

　　临床微生物检验在准确鉴定引发感染的病原体方面起着至关重要的作用，为临床提供明确的诊断依据，有助于感染病例的早期识别和及时治疗。同时，定期监测耐药菌的流行情况，及时向医院感染管理部门报告，并协助开展耐药菌感染暴发的调查和控制工作。

二、指导抗菌药物使用

　　通过药敏试验，临床微生物检验能够测定病原体对各种抗菌药物的敏感性，从而指导临床医生合理用药，提高疗效，减少不必要的药物使用。同时，临床微生物检验还有助于制订合理的抗菌药物使用策略，避免抗菌药物滥用，减少细菌耐药性的产生。

三、感染途径的追踪与控制

（一）感染暴发调查

　　当医院出现感染暴发时，微生物检验成为追踪感染途径的关键手段。对于通过接触传播的病原体，如多重耐药菌，微生物检验能够确定其在患者之间、患者与医护人员之间、患者与环境之间的传播路径。通过对患者周围环境样本和医护人员的工作服、手套等物品的检测，可发现耐药菌的传播环节，并据此采取相应的接触隔离措施，有效阻断传播途径。

（二）预防交叉感染

　　对于感染相同病原体（特别是多重耐药菌）的患者，应采取集中安置并落实隔离措施，防止不同病原体之间的相互感染。微生物检验结果可指导医护人员在接触不同患者时采取正确的防护措施。例如，在接触 MRSA 感染患者后，医护人员应严格执行手消毒并更换隔离衣，方可接触其他患者，从而避免将细菌传播给易感人群，有效预防医院感染的发生。

第八章 临床微生物检验对合理用药的指导意义

抗菌药物是临床上用于治疗细菌感染、真菌感染的重要药物，但滥用抗菌药物会导致耐药菌的产生，使抗菌药物失去效力。通过微生物检验，临床医生可以明确致病菌对不同抗菌药物的敏感性，从而选择针对性强、疗效确切的抗菌药物进行个体化治疗。这种精准用药方案有助于减少抗菌药物滥用现象，降低耐药菌的产生风险，保护抗菌药物的临床有效性。

第一节 精准诊断感染病原体，为合理用药提供依据

一、确定病原体类型

通过微生物检验，可以准确分离和鉴定引发感染的病原体类型，如细菌、真菌、病毒、支原体等，为临床提供明确的诊断依据。这有助于临床医生判断感染性质，对非细菌感染患者避免使用抗菌药物，避免抗菌药物滥用。

二、区分细菌种类

对于细菌感染病例，微生物检验能够进一步明确细菌种类，如金黄色葡萄球菌、大肠埃希菌、铜绿假单胞菌等。不同细菌对抗菌药物的敏感性也不同，明确细菌种类可为临床选择最适合的抗菌药物提供依据，避免盲目使用多种抗菌药物。

第二节　进行药敏试验，指导药物选择和剂量确定

药敏试验是指在体外测定抗菌药物抑菌或杀菌能力的试验，其主要目的是预测抗菌药物在体内的治疗结果。如果抗菌药物敏感性分类报告结果为"敏感"，提示用药剂量适当时，患者对治疗有反应；如果结果为"耐药"，则提示采用该药物治疗可能存在失败风险。药敏试验方法包括：自动化仪器法、纸片扩散法、稀释法（包括琼脂稀释法和肉汤稀释法）、梯度扩散法。稀释法是检测抗菌药物敏感性的定量试验方法，为药敏试验的参考方法。

一、自动化仪器法

（一）操作

采用 VITEK 等自动化系统进行药敏试验，将病原微生物接种于含不同浓度抗生素的检测卡片或板上，放入自动化仪器进行培养和检测。自动化仪器可自动读取最低抑菌浓度（MIC）或抑菌圈直径，参照美国临床和实验室标准协会（Clinical and Laboratory Standards Institute，CLSI）标准，判断病原微生物对特定抗生素的敏感性。

（二）优点

该方法能够显著提升检测通量和结果准确性。

（三）缺点

仪器成本高，需要专业人员操作和维护。

（四）应用场景

该方法广泛应用于微生物实验室，能够快速提供药敏结果。

二、纸片扩散法（Kirby-Bauer method，K-B 法）

（一）操作

将含不同浓度抗生素的纸片放置在接种病原微生物的琼脂平板上，观察抗生素在琼脂中扩散形成的抑菌圈直径。参照 CLSI 标准，判断病原微生物对特定抗生素的敏感性。

（二）优点

该方法操作简单，成本低廉。

（三）缺点

结果易受多种因素影响，如琼脂厚度、纸片放置等。

（四）应用场景

该方法广泛用于临床常规药敏试验，适合快速检测常见细菌的敏感性。

三、稀释法

（一）操作

该方法分为微量稀释法和宏量稀释法，将病原微生物接种于含不同浓度抗生素的液体培养基中，观察病原微生物的生长情况以确定 MIC，用于检测病原微生物对多种抗生素的敏感性。参照 CLSI 标准，判断病原微生物对特定抗生素的敏感性。

（二）优点

可获取定量 MIC 数据，结果较为精确。

（三）缺点

该方法操作相对复杂，耗时较长。

（四）应用场景

该方法适用于需要精确 MIC 的临床研究及特殊病例。

四、梯度扩散法

（一）操作

将含不同浓度抗生素的商品化梯度扩散试条（E 试验条带）放置在含病原微生物的琼脂平板上，观察抗生素在琼脂中扩散形成的抑菌圈。根据抑菌圈的交界处与 E 试验条带的交叉点，读取病原微生物对特定抗生素的 MIC。

（二）优点

该方法兼具纸片扩散法和稀释法的优点，可同时测定病原微生物对多种抗生素的敏感性。

（三）缺点

该方法成本较高，适用范围相对有限。

（四）应用场景

该方法适用于需要快速获得 MIC 的情况。

五、分子生物学方法

（一）操作

通过 PCR、基因芯片、基因测序等，在短时间内检测病原微生物的耐药基因，预测病原微生物对特定抗生素的敏感性。

（二）优点

该方法检测速度快，可快速识别耐药基因。

（三）缺点

该方法依赖专业技术和设备，无法覆盖所有耐药表型。

（四）应用场景

该方法适用于耐药机制研究及快速分子诊断。

第三节　监测治疗过程，及时调整治疗方案

一、治疗效果监测

在用药过程中，通过定期微生物检验，可监测病原体数量的变化。以血液感染患者为例，治疗期间需要重复血培养：若细菌数量逐渐减少，提示治疗有效；若细菌数量不变甚至增加，提示药物选择不当或病原体已产生耐药性，此时需要重新进行药敏试验并调整用药方案。

对于真菌感染（如念珠菌感染等）的治疗，通过检测血液或其他感染部位的真菌数量和活力，能够判断抗真菌药物是否有效。若经规范抗真菌治疗后，感染部位真菌仍持续生长，需要考虑更换更强效的抗真菌药物或联合用药。

二、耐药性监测

微生物检验能够监测病原体耐药性的动态变化。随着抗菌药物的使用，细菌可能产生新的耐药机制，导致原有治疗方案失效。微生物检验有助于及时发现病原体的耐药性变化，使临床医生能够适时调整用药方案，避免使用已失效药物，防止耐药菌传播。

三、控制医院感染

微生物检验有助于控制医院感染。通过监测病原体的传播和耐药性，临床医生可以采取相应的隔离措施，防止病原体在医院内传播，从而降低医院感染的发生风险。

第四节　案例分析

一、肺部感染的用药指导

（一）病情描述

某男性患者，因发热（体温 40 ℃）、咳嗽、咳痰、呼吸困难入院。影像学检查显示肺部有浸润影，临床初步诊断为肺部感染。

（二）微生物检验过程

采集患者的合格痰液标本进行微生物检验。首先进行涂片革兰氏染色，镜检上皮细胞 < 10 个 / 低倍视野，找到大量革兰氏阴性杆菌，白细胞内见吞噬的革兰氏阴性杆菌。随后将痰液经消化处理后接种到血平板、巧克力平板、麦康凯平板上进行培养。经过 24 小时培养，平板优势生长黏液状革兰氏阴性杆菌，经质谱仪鉴定为肺炎克雷伯菌。采用全自动药敏分析系统进行药敏试验，结果显示该菌不产 ESBLs，对氨苄西林耐药，对哌拉西林 / 他唑巴坦钠、头孢他啶、亚胺培南敏感。

（三）用药指导及结果

根据药敏结果，临床医生为患者选用头孢他啶进行抗感染治疗。在治疗过程中，患者的症状逐渐改善，体温在用药 3 天后开始下降，咳嗽、咳痰减轻。治疗 1 周后复查胸部影像学，肺部浸润影明显减少。

案例表明：基于微生物检验结果选择的药物是有效的，感染得到了控制。

二、泌尿系统感染的用药指导

（一）病情描述

某女性患者，出现尿频、尿急、尿痛等症状，尿常规显示亚硝酸盐阳性，镜检有较多白细胞和红细胞。临床初步诊断为泌尿系统感染。

（二）微生物检验过程

采集患者的清洁中段尿进行微生物检验。经显微镜观察尿液涂片的革兰氏染色结果，发现有大量形态一致的革兰氏阴性杆菌。将尿液接种到血平板和麦康凯平板上培养 24 小时，经质谱仪鉴定为大肠埃希菌。采用全自动药敏分析系统进行药敏试验，结果显示该菌不产 ESBLs，对头孢唑林耐药，对呋喃妥因、左氧氟沙星敏感。

（三）用药指导及结果

临床医生最初根据经验给予患者头孢唑林治疗，但患者症状没有明显改善。在微生物检验结果出来后，用药更换为呋喃妥因。治疗数天后，患者尿频、尿急、尿痛的症状明显减轻，再次复查尿常规，白细胞和红细胞数量减少。

案例表明：微生物检验结果能够及时纠正不合理用药，使治疗走上正轨。

三、皮肤软组织感染的用药指导

（一）病情描述

某男性患者，腿部有开放性伤口，出现红肿、疼痛、发热，伤口有脓性分泌物。临床初步诊断为皮肤软组织感染。

（二）微生物检验过程

从伤口脓性分泌物中采集标本。涂片染色后发现革兰氏阳性球菌，培养后鉴定为耐甲氧西林金黄色葡萄球菌（MRSA）。药敏试验显示该菌对苯唑西林等 β–内酰胺类抗生素耐药，对万古霉素、利奈唑胺敏感。

（三）用药指导及结果

临床医生选用万古霉素治疗。随着治疗的进行，患者体温恢复正常，伤口的红肿逐渐消退，脓性分泌物减少。

案例表明：微生物检验对耐药菌的确认，可避免无效抗菌药物治疗，确保感染控制效果。

第九章 抗菌药物敏感试验与药敏报告分析

第一节 抗菌药物敏感试验概述

一、选择抗菌药物敏感试验的原则

（一）基本原则

在进行药敏试验时，应严格判断分离株的临床意义，仅在有临床相关性，即分离株可能代表感染而非定植或污染时，才报告药敏结果。药敏试验旨在检测细菌对抗菌药物的获得性耐药性，而非天然存在的耐药性。因此，实验室须明确各种菌属的天然耐药谱，避免将天然耐药误判为敏感。

（二）药敏折点的选择

临床上抗菌药物的选择应遵循相关指南，并与本院药事委员会和感染控制委员会的专家共同讨论决定。我国临床上主要遵循 CLSI 制定的抗菌药物选择原则，采用近年发布的折点标准。折点定义为区分敏感（susceptible，S）、剂量依赖性敏感（susceptible-dose dependent，SDD）、中介（intermediate，I）、耐药（resistant，R）或非敏感（non-susceptible，NS）的临界值，以 MIC（单位 μg/mL）或抑菌圈直径（单位 mm）为判定单位。

（三）药敏方法的选择

常用的药敏方法包括纸片扩散法、自动化仪器法、稀释法或梯度扩散法。针对不同抗菌药物和菌种组合，实验室应选择适当的药敏试验方法，并建立标准化操作流程（包括质控标准、结果判读标准等）。

使用自动化仪器进行药敏试验时，应根据技术方案和厂商建议，补充仪器未包含的药物。自动化仪器药敏卡上的抗菌药物浓度范围应涵盖抗菌药物的折点，若无法覆盖，则应根据本院的临床需求和国家的技术方案要求，采用替代方案。

二、抗菌药物分类

抗菌药物分类体系包括青霉素类（如阿莫西林、氨苄西林、苯唑西林等），头孢菌素类（如头孢唑林、头孢呋辛、头孢曲松、头孢吡肟等），单环 β - 内酰胺类（如氨曲南等），β - 内酰胺类 / β - 内酰胺酶抑制剂复合制剂（如阿莫西林 / 克拉维酸等），碳青霉烯类（如亚胺培南、美罗培南等），大环内酯类（如红霉素、阿奇霉素、克拉霉素等），氨基糖苷类（如庆大霉素、阿米卡星、妥布霉素等），氟喹诺酮类（如左氧氟沙星、莫西沙星等），四环素类（如多西环素、米诺环素等），磺胺类（如甲氧苄啶 - 磺胺甲噁唑等），糖肽类（如万古霉素、替考拉宁等），利福霉素类（如利福平等）等。

三、准确检测药敏的重要性

（一）病原菌鉴定准确

药敏试验结果的可靠性依赖于菌种鉴定的精确性。若菌种鉴定错误，随后的药敏试验结果可能误导治疗方向。因此，病原菌的培养与鉴定阶段显得尤为关键。微生物检验人员应核实样本类型与病原菌的关系，结合临床诊断，判断分离出的细菌是否为相关病原体。在鉴定过程中，应尽可能将细菌鉴定至具体种类，例如鉴定为表皮葡萄球菌，而不是仅仅标注为凝固酶阴性葡萄球菌。临床关注的目标细菌应为从临床标本中分离出的具有临床意义的细菌，包括从无菌部位（如血液、骨髓、脑脊液、组织、膀胱穿刺尿液、胸腔积液和腹水等）采集的所有非污染细菌，以及从开放部位合格标本（如痰液、咽拭子、尿液、粪便等）采集的具有临床意义的细菌。

（二）遵循标准化操作流程和质量控制措施

为确保药敏试验结果的准确性，需要满足以下基本要求：首先，要持续提升实验室工作人员的专业能力，同时满足开展试验的客观条件，并严格遵循标准化操作流程；其次，质量控制需要达到标准，通过定期参与室间质量评价和比对来保障结果的可靠性；此外，实验室人员还需要具备解读试验结果的能力，并能参与临床病例讨论。

第二节　纸片扩散法（K-B 法）

一、原理

将含定量抗菌药物的纸片贴在已接种试验细菌的琼脂平板上，抗菌药物通过扩散形成浓度梯度。通过观察抑菌圈形成情况，判断药物对细菌生长的抑制能力。药物扩散距离越远，药物浓度越低，抑菌能力越强，抑菌圈直径与 MIC 呈负相关，即抑菌圈直径越大，MIC 越小。

二、材料

M-H 培养基、药敏纸片、生理盐水管、标准比浊管。

三、方法

（一）制备菌液

从过夜孵育平板挑取数个单菌落接种于生理盐水中，振荡混匀后用菌液比浊仪将浊度调整至 0.5 MCF。

（二）接种平板

制备好的接种菌液必须在 15 分钟内使用。用无菌棉签蘸取菌液，在试管内壁旋转挤压去除多余菌液后，涂布整个 M-H 培养基表面，反复几次。每次涂布后将平板旋转 60°，最后沿周缘绕 2 圈，确保涂布均匀。

链球菌属药敏应接种在 5% 血 M-H 培养基上。

流感嗜血杆菌药敏应接种在 HTM 培养基上。

（三）贴抗菌药物纸片

平板在室温下干燥 5 分钟，再贴纸片。用镊子取药敏纸片 1 张，将其贴在琼脂平板表面，用镊子尖端轻压一下，使其贴平，纸片一旦贴住就不可再拿起，因为纸片中的药物已扩散到琼脂中。每张纸片间距不少于 24 mm，纸片中心距平板边缘不少于 15 mm。直径 90 mm 的平板最多贴 5 张纸片（可用纸片分配器）。贴好后 15 分钟内置于（35±2 ℃）恒温培养箱培养，链球菌属、嗜血杆菌属药敏平板需要置于 CO_2 培养箱培养。

（四）孵育

1. 平板在培养箱内最好单独放置，最多双层叠放，否则中间的平板会因达不到培养箱温度而发生预扩散，一般孵育 18~24 小时后读取结果。

2. 测定苯唑西林、头孢西丁对葡萄球菌的敏感性，以及万古霉素对金黄色葡萄球菌、肠球菌属的敏感性时，孵育时间必须满 24 小时。

四、结果判定

1. 培养后取出平板，将其置于不反光的黑色背景上，用游标卡尺测量抑菌环直径（完全抑制区直径），可从平板背面，利用反射光，肉眼判读，读取最接近的毫米数（读取整数）。无肉眼可见的明显生长部位即为抑菌环边缘。

2. 苯唑西林对葡萄球菌的抑菌环。抬起平板，对向光源，利用透射光观察苯唑西林纸片周围的抑菌环中是否有细微的菌落生长，若出现任何可辨别的菌落生长，则判定为苯唑西林耐药。

3. 利奈唑胺对葡萄球菌的抑菌环。利用透射光，用游标卡尺测量抑菌环直径。

4. 复方新诺明的抑菌环。M-H平板中存在一定量叶酸抑制剂的拮抗剂，会导致测试菌轻微生长，因此，在测量复方新诺明的抑菌环直径时应忽略细微的菌落生长（约20%），而将明显出现菌落生长的地方作为抑菌环的边界进行测量。

5. 对于利奈唑胺、苯唑西林、万古霉素，任何抑菌圈内可识别的菌落生长均表明其耐药。

6. 链球菌属药敏观察。移开皿盖，利用反射光，从琼脂正面的表面测量抑菌圈直径。

7. 变形杆菌属菌株可蔓延生长至某些抗微生物药物的抑菌圈内，表现为一种细薄微弱的生长，形成一层明显抑制性生长环，这种情况应忽略不计。

8. 参照最新版 CLSI 抗微生物药物敏感试验执行标准，判定敏感（S）、中介（I）、耐药（R）。

五、注意事项

1. 制备 M-H 平板。平板直径 90 mm，琼脂厚度（4±1）mm，4 ℃保存，7 天内用完。

2. 药物纸片。未开封药物纸片要低温（−20 ℃以下）密封保存。只拿出少量 4 ℃保存以备日常工作使用，开封后 7 天内用完。装纸片的容器从冰箱取出后，必须在室内放置 1~2 小时才可打开，若立即打开，空气中的水会冷凝在纸片上，易导致其潮解。

3. 测定链球菌时，应测量生长受抑制区域而不是溶血受抑制区域。

4. 如果抑菌圈内有独立生长的菌落，提示可能有杂菌，需要重新分离后再做药敏试验，此菌落也可能为高频突变耐药株。

六、质量控制

（一）质控标准菌株

1.对于肠杆菌目细菌，用 M-H 平板，质控菌株为大肠埃希菌 ATCC 25922、大肠埃希菌 ATCC 35218。

2.对于铜绿假单胞菌、不动杆菌属细菌等，用 M-H 平板，质控菌株为 ATCC 27853、大肠埃希菌 ATCC 25922、大肠埃希菌 ATCC 35218。

3.对于葡萄球菌属细菌，用 M-H 平板，质控菌株为金黄色葡萄球菌 ATCC 25923。

4.对于肠球菌属细菌，用 M-H 平板，质控菌株为粪肠球菌 ATCC 29212。

5.对于流感嗜血杆菌，用 HTM 平板，质控菌株为流感嗜血杆菌 ATCC 49247。

6.对于链球菌属细菌，用 5% 血 M-H 平板，质控菌株为肺炎链球菌 ATCC 49619。

（二）质控频率

每个检测日 1 次。

（三）结果评估

质控菌株的抑菌圈在允许范围之内，说明结果可信。

七、临床意义

纸片扩散法不需要复杂的仪器设备，操作方便，易学易用，适合大多数微生物实验室测定细菌对药物的敏感程度，指导临床合理选用抗菌药物。

第三节 梯度扩散法

一、原理

梯度扩散法，又称"E- 试验"，是一种结合稀释法和纸片扩散法原理，用于抗菌药物敏感性直接定量的药敏试验方法。

二、材料

梯度扩散试条、M–H 培养基、标准比浊管。

三、方法

（一）制备接种菌悬液

直接菌落法：选取孵育 18~24 小时后的 3~5 个菌落形态一致的且生长较好的菌落；采用接种环或无菌棉拭子触碰每个菌落顶部，转移至 4~5 mL 生理盐水中，校正菌液浓度至 0.5 MCF。

（二）接种培养基

1.用无菌棉拭子蘸取菌液，在管内壁将多余菌液旋转挤去。

2.在 M–H 平板表面均匀涂布 3 次，每次涂布后将平板旋转 60°，最后沿平板内琼脂边缘涂抹一周。

3.校正浓度后的菌液应在 15 分钟内完成接种。

（三）贴梯度扩散试条

待平板干燥后，用无菌镊子将梯度扩散试条（MIC 刻度面朝上）贴在已接种被测菌株的平板表面，确保梯度扩散试条全长与琼脂表面完全接触，置于（35±2）℃恒温培养箱中孵育 16~18 小时。

四、结果判定

读取椭圆形抑菌圈与梯度扩散试条交界点对应的刻度值，即为待测抗菌药物的 MIC。

五、注意事项

1.当抑菌圈与试条的交界点位于两个刻度之间时，应记录较高的刻度值。

2.若出现双层抑菌圈或抑菌圈与试条相交处有散在菌落，应记录完全抑制生长的抑菌圈所对应的刻度值。

3.若抑菌圈与试条相交处呈现凹陷延伸，应读取凹陷起始处对应的刻度值。

4.试条一旦贴置于平板表面，就不应再移动，并确保试条与培养基之间无气泡存在。

六、临床意义

E- 试验通过精确的浓度梯度分布和简便的操作流程，能够有效测量各种耐药表型，适用于对常见菌种、苛养菌、真菌、分枝杆菌、诺卡菌及厌氧菌的药物敏感性测试。此外，E- 试验在耐药性流行病学研究中具有重要价值，为制订有效的经验治疗策略提供依据，同时可为现有抗菌药物的选择和监测以及新抗菌药物的开发和评估提供重要指导。

第四节　自动化仪器药敏系统

以 VITEK 2 Compact 系统为例介绍全自动微生物鉴定及药敏系统的工作原理和操作流程。

一、工作原理

（一）微生物鉴定

VITEK 2 Compact 系统采用比色分析技术，通过检测细菌在不同生化反应条件下的显色反应进行鉴定。系统使用一次性测试卡，每张卡上有多个反应孔，内置不同生化试剂。细菌与这些试剂发生反应时，会产生颜色变化，由光学传感器实时捕捉，并与数据库中的数据进行比对，实现快速准确的微生物鉴定。

（二）药敏试验

系统通过测定细菌在不同浓度抗菌药物环境下的生长情况，自动计算MIC。系统能够同时检测多个浓度的药物，通过连续监测细菌的生长情况，自动调整孵育时间，确保 MIC 的准确性。系统还具备检测细菌耐药机制的能力，能够提供详细的药敏报告。

（三）比浊仪测定原理

1. 专用比浊仪采用 590 nm 波长发光二极管光源，经滤光膜形成单色光。光束穿透接种菌液后，仪器通过光密度（optical density，OD）计算麦氏浊度单位，测定范围为 0.0~7.5 MCF。

2. 比浊仪校准。各实验室应配备专用校正标准管（简称"校准管"），校准管应标有标准浊度值。使用前需要验证比浊仪判读精度，校准管测定值与目标值差异不应超过 0.1 MCF。

3. 校准步骤。用擦镜纸将校准管表面擦干净，按住比浊仪右侧调节键，2 秒内将校准管插入检测孔并旋转 360°。核对屏幕显示值是否在目标值 ±0.1 MCF 范围内，完成后取出校准管。若校准失败，应与厂家取得联系进行校正维护。

二、操作流程

（一）样本准备

1. 将待测细菌制成菌悬液，并将浓度适当调整。根据鉴定卡和药敏卡的要求，配置不同浓度的菌悬液。革兰氏阴性菌鉴定卡和革兰氏阳性菌鉴定卡的菌悬液浓度为 0.5~0.63 MCF。将鉴定用菌悬液稀释到药敏用浓度，如革兰氏阴性菌药敏卡的稀释方法是取 145 μL 鉴定用菌悬液加入 3 mL 生理盐水。

2. 黏液型菌落配制菌悬液时，可以先调浓菌悬液并静置，取上层细菌颗粒分布均匀的均质菌液，浓度调整至 0.5 MCF，再进行后续操作。

（二）加载测试卡

将测试卡按顺序装入载卡架，吸样管插入菌液管。仪器会自动扫描测试卡上的条形码，获取标本相关信息。

（三）孵育与检测

测试卡置于 35.5 ℃孵育器中孵育，系统每 15 分钟对测试卡进行光学检测，记录颜色变化。

（四）结果分析

检测数据经软件分析后与数据库中的标准数据进行比对，得出微生物的鉴定结果和药敏报告。系统还具备高级专家系统（advanced expert system，AES），能够在线验证结果的准确性。

鉴定结果：一般仅给出单一结果，无需补充试验，可给出结果的可信度评估。

药敏结果：如果同时进行微生物鉴定和药敏试验，鉴定结果会自动加到药敏卡上。如果有 AES 评语出现，则应按操作规程对药敏结果进行适当修改并确认最终结果。

三、质量控制

1.按照仪器制造商的要求进行比浊仪、鉴定卡、药敏卡质量控制,并做记录。

2.鉴定卡质控频率。在收到试剂盒时实施质量控制,反应结果应符合预期。

3.药敏卡质控频率。建议参考 CLSI M07 标准,对质控菌株进行 20 天或 30 天连续测试,并记录结果。若每个抗生素/微生物组合获得 20 个 MIC 结果中不超过 1 个结果(或 30 个 MIC 结果中不超过 3 个结果)落在质控范围之外,可将质控频率从每天 1 次转为每周 1 次。

四、AES 解读步骤

（一）结果可信度判断

AES 是以表型匹配为基础的专家系统,整合了大量已知耐药基因型菌株的表型 MIC 分布,并将其编绘成图谱,将检测细菌表型结果与系统数据库里的大量信息相匹配,对每个细菌的药敏结果用不同颜色方框标记。检测完成后检验人员可根据结果指示符,判断结果可信度。

1.绿色,表示结果与数据库中的耐药表型高度匹配,可信度较高,可以直接作为临床参考。

2.黄色,表示 AES 对某些结果进行了修正或提示需要进一步验证。临床医生需要结合临床情况和患者的具体病情进行综合判断。

3.红色,表示结果与数据库中的耐药表型不匹配或存在不一致,需要进行人工复核或使用其他方法学进行确认。

4.紫色,表示表型不在数据库中,可能是因为检测到的耐药表型较为罕见或为新出现的耐药机制,需要进一步研究和验证。

（二）低可信度结果的处理

红框标记结果需要根据细菌镜检结果、菌落特征、纯度试验等综合分析,必要时重新分纯菌株后检测。

（三）分析耐药表型和 MIC 结果

检验人员需要关注 AES 识别出的耐药表型，如超广谱 β – 内酰胺酶、碳青霉烯酶等，以及对应的 MIC。这些信息有助于了解细菌的耐药机制和对不同抗生素的敏感性。

（四）综合考虑临床信息

检验人员在解读 AES 结果时，不能仅依赖实验室数据，还需要结合患者的临床信息，如感染部位、感染严重程度、既往用药史、过敏史等。

（五）注意事项

1.结果修正的理解。AES 有时会对试验结果进行修正，其修正原则是将结果往耐药方向修正，修正品种不超过 2 种抗生素，修正幅度不超过 3 个 MIC 稀释度。检验人员需要理解这种修正的目的是基于患者最小风险原则，但在某些情况下，修正结果可能与实际临床情况不符，需要用其他药敏方法复核，并结合其他临床信息进行判断。

2.故障分析。检验人员在使用 AES 时，如发现较多药敏卡中止，应及时联系厂家工程师进行检修测试，若为硬件故障（如轨道、皮带、白卡读数、读数头异常等），待修复后应进行性能验证、质控监测，合格方可使用。

3.持续学习与更新知识。由于耐药性检测和治疗方案不断更新，检验人员需要持续学习最新的耐药机制、抗生素使用指南和临床研究进展，以便更好地解读 AES 结果并指导临床治疗。

五、影响鉴定、药敏结果的因素

影响鉴定、药敏结果的因素包括实验室内的操作流程、试剂和仪器的质量，以及微生物本身的生物学特性等。

（一）上机前菌落不纯

在进行药敏试验之前，确保菌落的纯度是至关重要的。如果菌落不纯，即存在多种微生物混合生长，那么药敏结果的准确性将会受到影响。对于 VITEK

系统，药敏菌悬液的制备需要在保证菌落纯度的前提下进行，同时尽可能多地接触菌落（至少 3 个），以减少耐药质粒的丢失。

（二）菌悬液浊度不符合要求

在上机操作过程中，菌悬液的浊度必须严格按照操作规程进行配制。如果菌悬液的浊度不符合要求，自动化系统可能无法准确识别细菌，从而影响鉴定和药敏结果的准确性。

（三）上机后未检查菌液纯度

上机后未检查菌液纯度可能导致的后果：鉴定错误，药敏结果错误，出现少见或罕见耐药表型。

（四）试剂和仪器质量

试剂和仪器质量直接影响鉴定和药敏结果的准确性。如果试剂过期或储存不当，其活性可能降低，影响试验结果。如果仪器未进行定期校准和维护，也可能导致结果不准确。

（五）操作人员技能

实验室操作人员的技能和经验对鉴定和药敏结果的准确性也有重要影响。操作不当，如菌落挑选、菌悬液制备、试剂加样、检测卡片选取等步骤出现错误，都可能导致结果偏差。

第五节　药敏报告审核原则

一、规范进行药敏试验

1. 参考《全国细菌耐药监测网技术方案（2024 年版）》，明确本实验室的监测药物范围，规范进行药敏试验，可采用手工法或仪器法，报告抑菌圈直径（单位 mm）、最低抑菌浓度（单位 μg/mL）。

2. 采用自动或半自动仪器进行药敏试验时，应按照仪器制造商的要求进行补充试验，报告经补充试验确认的药敏结果。商品化药敏试验药物浓度范围若不覆盖判断折点，应根据本院临床需要及该方案要求进行补充试验，报告经补充试验确认的药敏结果。此外，还应熟悉商品化药敏卡片的使用限制，报告某些细菌的抗生素检测结果时，必须用其他方法确认结果。

二、复核不常见耐药菌

1. 对万古霉素、替考拉宁、利奈唑胺及替加环素中介或耐药的金黄色葡萄球菌，对达托霉素非敏感的金黄色葡萄球菌。

2. 对万古霉素、替考拉宁、利奈唑胺及替加环素中介或耐药的葡萄球菌属（金黄色葡萄球菌除外）。

3. 对青霉素或氨苄西林、第三代和第四代头孢菌素、碳青霉烯类、万古霉素、达托霉素、利奈唑胺非敏感的 β - 溶血链球菌群。

4. 对利奈唑胺、万古霉素非敏感的肺炎链球菌。

5. 对碳青霉烯类、万古霉素、利奈唑胺非敏感的草绿色链球菌群。

6. 对黏菌素或多黏菌素 B 耐药的肠杆菌目细菌、铜绿假单胞菌和鲍曼不动杆菌复合群。

7. 对氟喹诺酮类、碳青霉烯类、第三代和第四代头孢菌素非敏感的流感嗜血杆菌。

三、特殊耐药性检测方法（不包含分子生物学检测方法）

（一）葡萄球菌对甲氧西林（苯唑西林）的耐药性

1. 金黄色葡萄球菌、银白色葡萄球菌、路邓葡萄球菌对甲氧西林（苯唑西林）的耐药性。

具体操作：待测菌按照纸片扩散法操作步骤，采用 30 μg 头孢西丁纸片于

33~35 ℃孵育 16~18 小时；或按照微量肉汤稀释法操作步骤，33~35 ℃孵育，头孢西丁 16~20 小时，苯唑西林 24 小时。头孢西丁 ≤ 21 mm 或 ≥ 8 μg/mL，或苯唑西林 ≥ 4 μg/mL 为对甲氧西林（苯唑西林）耐药的金黄色葡萄球菌、银白色葡萄球菌或路邓葡萄球菌。

2. 金黄色葡萄球菌、银白色葡萄球菌、路邓葡萄球菌、假中间葡萄球菌、施氏葡萄球菌、表皮葡萄球菌以外的或未鉴定到种水平的凝固酶阴性葡萄球菌对甲氧西林（苯唑西林）的耐药性。

具体操作：待测菌按照纸片扩散法操作步骤，采用 30 μg 头孢西丁纸片于 33~35 ℃孵育 24 小时；或按照微量肉汤稀释法操作步骤，采用苯唑西林于 33~35 ℃孵育 24 小时。头孢西丁 ≤ 24 mm 或苯唑西林 ≥ 1 μg/mL 为耐甲氧西林（苯唑西林）凝固酶阴性葡萄球菌（methicillin–resistant coagulase–negative staphylococcus，MRCNS）。头孢西丁纸片法若 18 小时后出现耐药可报告为 MRCNS。

3. 表皮葡萄球菌对甲氧西林（苯唑西林）的耐药性。

具体操作：采用头孢西丁纸片法、苯唑西林微量肉汤稀释法检测，检测方法同第 2 点。待测菌亦可按照纸片扩散法操作步骤，采用 1 μg 苯唑西林纸片于 33~35 ℃孵育 16~18 小时。苯唑西林 ≤ 17 mm 为耐甲氧西林（苯唑西林）表皮葡萄球菌。

4. 假中间葡萄球菌和施氏葡萄球菌对甲氧西林（苯唑西林）的耐药性。

具体操作：采用苯唑西林纸片法或微量肉汤稀释法检测，检测方法同表皮葡萄球菌。

（二）肺炎链球菌（非脑脊液分离株）对青霉素的耐药性

具体操作：对于苯唑西林纸片抑菌圈直径 ≤ 19 mm 的肺炎链球菌，需要使用 MIC 法测定其对青霉素的敏感性。

（三）肠球菌对高水平氨基糖苷类药物的耐药性

具体操作：采用纸片扩散法，将 0.5 MCF 待测菌悬液接种于 M–H 平板，贴 120 μg 庆大霉素或 300 μg 链霉素纸片，（35±2）℃孵育 16~18 小时，抑菌圈直径 ≤ 6 mm 为耐药，≥ 10 mm 为敏感，7~9 mm 为不确定（需要用微量肉汤稀释法或琼脂稀释法确认）。

（四）金黄色葡萄球菌和肠球菌属对万古霉素的敏感性

具体操作：万古霉素 MIC ≥ 8 μg/mL 菌株筛查试验。将 0.5MCF 待测金黄色葡萄球菌悬液 10 μL 或肠球菌属菌悬液 1~10 μL 接种于含 6 μg/mL 万古霉素的 BHI 平板（推荐用微量移液管滴加，或用棉拭子浸润菌悬液后挤干，涂布直径 10~15 mm 或划线接种），（35±2）℃孵育 24 小时，透射光下观察菌落生长情况，> 1 个菌落提示可能为金黄色葡萄球菌对万古霉素敏感性降低或肠球菌属对万古霉素耐药。

（五）β - 内酰胺酶检测

1. 葡萄球菌属。

（1）当仪器检测到青霉素 MIC ≤ 0.12 μg/mL 或抑菌圈直径 ≥ 29 mm 的金黄色葡萄球菌和凝固酶阴性葡萄球菌时，进行 β - 内酰胺酶检测。具体操作：将待测菌株接种于 M-H 平板或血琼脂平板，35 ℃孵育 16~18 小时，在平板表面贴附青霉素或头孢西丁纸片，测量抑菌圈直径，用头孢硝噻吩纸片轻触抑菌圈边缘菌落，按产品说明书要求孵育（通常室温 ≤ 1 小时），若纸片呈红色/粉红色，则为 β - 内酰胺酶阳性。

（2）当金黄色葡萄球菌头孢硝噻吩试验结果为阴性时，需要经青霉素纸片边缘试验确证其是否为产 β - 内酰胺酶菌株。具体操作：按照纸片扩散法操作，贴 10U 青霉素纸片，（35±2）℃孵育 16~18 小时，若纸片边缘界限清晰（cliff 现象），则为 β - 内酰胺酶阳性，否则为阴性。

2. 流感嗜血杆菌和卡他莫拉菌。

用头孢硝噻吩纸片刮取（35±2）℃孵育 20~24 小时后的 HTM 平板（流感嗜血杆菌）或 35 ℃孵育 20~24 小时后的 M-H 平板（卡他莫拉菌）上的菌落，若纸片呈红色/粉红色，则为 β - 内酰胺酶阳性。

（六）改良碳青霉烯灭活试验

1. 原理。该试验基于细菌对碳青霉烯类抗生素的灭活能力。该试验使用的是一种改良的碳青霉烯酶底物（通常为美罗培南），适用于检测碳青霉烯类耐药的肠杆菌目细菌和铜绿假单胞菌。

2. 试验方法。美罗培南纸片需要灭菌处理。

（1）CLSI 推荐改良碳青霉烯灭活试验（modified carbapenem inactivation method, mCIM）用于筛选产碳青霉烯耐药肠杆菌科细菌（carbapenem resistant Enterobacteriaceae, CRE），对肺炎克雷伯菌碳青霉烯酶（Klebsiella pneumoniae carbapenemases, KPC）、新德里金属−β−内酰胺酶（New Delhi metallo−β−lactamase, NDM）、苯唑西林酶（oxacillinase−48−type carbapenemases, OXA−48）敏感性可达99%。乙二胺四乙酸（ethylenediaminetetra−acetic acid, EDTA）改良碳青霉烯灭活试验（EDTA carbapenem inactivation method, eCIM）需要在 mCIM 阳性的前提下进行，用于区分丝氨酸碳青霉烯酶和金属酶。eCIM 阳性提示产金属酶，阴性提示产丝氨酸碳青霉烯酶（不排除两者共存可能）。

（2）mCIM 适用于检测肠杆菌目细菌和铜绿假单胞菌中的碳青霉烯酶，而 eCIM 与 mCIM 联合检测可区分肠杆菌目细菌中的金属 β−内酰胺酶和丝氨酸型碳青霉烯酶。可单独进行 mCIM，但 eCIM 必须与 mCIM 同步进行，仅当 mCIM 阳性时 eCIM 结果才有意义。

（3）操作步骤：

① mCIM 操作步骤。

取血平板过夜孵育的 1 μL 满环肠杆菌目细菌或 10 μL 满环铜绿假单胞菌，接种至 2 mL 胰酪大豆胨液体培养基（trypticase soy broth, TSB）中，涡旋振荡 10~15 秒。用无菌镊子夹取 1 张 10 μg 美罗培南纸片浸入菌液管，确保纸片完全浸没。（35±2）℃空气环境孵育 3 小时 45 分钟 ~4 小时 15 分钟。将大肠埃希菌 ATCC 25922 调制成 0.5 MCF 菌悬液，均匀涂布在 M−H 平板上，平板干燥 5 分钟后贴上美罗培南纸片。倒置 M−H 平板，（35±2）℃空气环境中孵育 18~24 小时。按纸片扩散法测量抑菌圈直径。

② eCIM 操作步骤。

仅适用于肠杆菌目细菌。另取 2 mL TSB 加入 EDTA（终浓度为 5 mmol/L），同步处理 mCIM 管和 eCIM 管。将两管中的美罗培南纸片取出，同块 M-H 平板（涂有美罗培南敏感大肠埃希菌 ATCC 25922）上对称贴附。

3. 结果解释。

（1）美罗培南纸片的抑菌圈直径为 6~15 mm，或为 16~18 mm 但抑菌圈内有针尖样菌落，判定为产碳青霉烯酶菌株；抑菌圈直径 ≥ 19 mm 且抑菌圈清晰为阴性，报告未检出碳青霉烯酶。

（2）eCIM 和 mCIM 抑菌圈直径差 ≥ 5 mm，报告检出金属 β - 内酰胺酶。

（3）eCIM 和 mCIM 抑菌圈直径差 ≤ 4 mm，报告检出丝氨酸型碳青霉烯酶。

（4）mCIM 阴性时，不需要判断 eCIM。阳性对照菌株为肺炎克雷伯菌（ATCC BAA1705），阴性对照菌株为肺炎克雷伯菌（ATCC BAA1706）。

（七）胶体金免疫层析技术检测碳青霉烯酶基因型

1. 原理。碳青霉烯酶检测试剂盒通过胶体金免疫层析法检测肠杆菌目细菌碳青霉烯酶基因型（KPC 型、NDM 型、IMP 型）。

2. 试验方法。取无菌 EP 管滴加 5 滴样本处理液。用接种环蘸取单克隆菌落插入含样本处理液的无菌 EP 管，盖紧管盖。使用涡旋振荡器振荡均匀，吸取 50 μL 处理后的样本加至检测卡加样孔。等待 10~30 分钟读取结果。

3. 结果解释。

（1）阳性：检测卡 C 线处有红色条带，且 KPC、NDM、IMP 检测条带中有 1 个或多个红色条带。

（2）阴性：仅出现 1 个 C 线条带。

（3）无效：C 线条带未出现，应重新检测。

（4）注意事项：阴性结果并不能排除碳青霉烯类抗生素耐药（可能通过其他机制耐药）。检测试剂盒对 KPC 型、NDM 型、IMP 型碳青霉烯酶在 1 μg/mL 范围内无钩状效应。

四、人工审核药敏的重要性

1. 无论采用哪种药敏方法，药敏结果均需要经专业人员人工审核，不得直接报告仪器结果。药敏报告是临床医生选择治疗方案和调整抗生素的重要依据。通过药敏报告，临床医生可以了解患者体内病原体的药物敏感性，避免使用无效或耐药的药物。这有助于提高治疗效果，缩短治疗时间，减少药物的不良反应。同时，护士可依据药敏报告中的多重耐药信息采取防控措施（如接触隔离、手卫生等），防止多重耐药细菌的传播。这对于控制医院感染、保护患者和医护人员的安全具有重要意义。

2. 在审核过程中，需要核对天然耐药的药物是否被误报敏感；对于异常耐药结果，需要验证其准确性，并探索可能的耐药机制；审核或复核常见耐药表型、罕见耐药表型以及矛盾耐药表型。对于未直接检测但可通过预报药或指示药推导的药物，可在报告中备注供参考。对于无法进行药敏试验的罕见菌种，可参考《国家抗微生物治疗指南（第三版）》等，在报告中添加注释，供临床决策时参考。

第六节　自动化仪器药敏结果审核

以 VITEK 2 Compact 系统为例，折点判断标准参照《M100 抗微生物药物敏感性试验执行标准》，介绍实际工作时如何将相关规范、标准、技术方案要求的内容应用于审核自动化仪器获取的药敏结果。在常见细菌药敏结果审核表中，各种抗菌药物的类别标识和排序是按照 VITEK 仪器界面提供的药敏孔位置顺序排列的，同类型的抗生素集中排列，以便于检验人员快速识别和分析测试菌药敏结果的可靠性，判断其是否为多重耐药菌。补充试验采用纸片扩散法测定抑菌圈直径，单位 mm；采用梯度扩散法测定 MIC，单位 μg/mL。

一、监测抗菌药物范围

按照《全国细菌耐药监测网技术方案（2024 年版）》要求进行药敏检测。

（一）肠杆菌目细菌监测药物

1. 肠杆菌目细菌（志贺菌属、沙门菌属除外）。

（1）必须监测的药物：氨苄西林、头孢唑林、头孢呋辛、头孢曲松（或头孢噻肟）、头孢他啶、头孢吡肟、氨曲南、阿莫西林 / 克拉维酸、氨苄西林 / 舒巴坦（或头孢哌酮 / 舒巴坦）、哌拉西林 / 他唑巴坦、亚胺培南（或美罗培南、多立培南）（复核 CRE 菌株，建议进行碳青霉烯酶表型或基因型检测）、庆大霉素（或妥布霉素）、阿米卡星、左氧氟沙星（或环丙沙星）、甲氧苄啶 / 磺胺甲噁唑。

（2）建议监测的药物：头孢西丁、四环素（或米诺环素、多西环素）、替加环素（用自动化仪器或纸片扩散法检测替加环素敏感性，结果为中介或耐药时需要采用微量肉汤稀释法进行确认）、黏菌素（或多黏菌素 B）（须检测 MIC）、头孢他啶 / 阿维巴坦、磷霉素（尿液标本，大肠埃希菌）、呋喃妥因（尿液标本）。

2. 志贺菌属、沙门菌属。

（1）必须监测的药物：氨苄西林、头孢曲松或头孢噻肟（仅用于肠道外分离株）、左氧氟沙星（或环丙沙星）、甲氧苄啶 / 磺胺甲噁唑。

（2）建议监测的药物：氯霉素（仅用于肠道外分离株）、阿奇霉素（志贺菌属和肠道沙门菌伤寒血清型）、亚胺培南（或美罗培南、厄他培南，仅限于其他药物耐药时）。

（二）铜绿假单胞菌监测药物

1. 必须监测的药物。哌拉西林 / 他唑巴坦、头孢他啶、头孢吡肟、氨曲南、亚胺培南（或美罗培南、多立培南）、妥布霉素、阿米卡星（尿液标本）、环丙沙星（或左氧氟沙星）。

2. 建议监测的药物。哌拉西林、头孢哌酮 / 舒巴坦、黏菌素（或多黏菌素 B）

（须检测 MIC）、头孢他啶 / 阿维巴坦。

（三）不动杆菌属细菌监测药物

1. 必须监测的药物。头孢他啶、头孢吡肟、氨苄西林 / 舒巴坦（或头孢哌酮 / 舒巴坦）、哌拉西林 / 他唑巴坦、亚胺培南（或美罗培南、多立培南）、庆大霉素（或妥布霉素）、阿米卡星、左氧氟沙星（或环丙沙星）、甲氧苄啶 / 磺胺甲噁唑、米诺环素（或多西环素）。

2. 建议监测的药物。头孢噻肟（或头孢曲松）、黏菌素（或多黏菌素 B）（须检测 MIC）、替加环素（自动化仪器检测替加环素敏感性，结果为中介或耐药时需要采用微量肉汤稀释法进行确认）。

（四）嗜麦芽窄食单胞菌监测药物

1. 必须监测的药物。左氧氟沙星、甲氧苄啶 / 磺胺甲噁唑、米诺环素。

2. 建议监测的药物。氯霉素（须检测 MIC）。

（五）洋葱伯克霍尔德菌复合群细菌监测药物

1. 必须监测的药物（须检测 MIC）。头孢他啶、美罗培南、左氧氟沙星、甲氧苄啶 / 磺胺甲噁唑、米诺环素。

2. 建议监测的药物（须检测 MIC）。氯霉素。

（六）其他非肠杆菌目细菌监测药物

1. 必须监测的药物（须检测 MIC）。头孢他啶、头孢吡肟、亚胺培南或美罗培南、哌拉西林 / 他唑巴坦、庆大霉素（或妥布霉素）、阿米卡星、左氧氟沙星（或环丙沙星）、甲氧苄啶 / 磺胺甲噁唑、米诺环素。

2. 建议监测的药物（须检测 MIC）。氨曲南。

（七）流感嗜血杆菌和副流感嗜血杆菌监测药物

1. 必须监测的药物。氨苄西林、头孢曲松（或头孢噻肟、头孢他啶）、美罗培南（脑脊液标本）、左氧氟沙星（或莫西沙星、环丙沙星）。

2.建议监测的药物。氨苄西林/舒巴坦、阿莫西林/克拉维酸、头孢呋辛（或头孢克洛）、甲氧苄啶/磺胺甲噁唑、阿奇霉素。

（八）葡萄球菌属细菌监测药物

1.必须监测的药物。青霉素、苯唑西林、红霉素（或克拉霉素、阿奇霉素）、克林霉素、左氧氟沙星（或环丙沙星、莫西沙星）、万古霉素（须检测MIC）、利奈唑胺、甲氧苄啶/磺胺甲噁唑。

2.建议监测的药物。庆大霉素、替考拉宁、达托霉素（下呼吸道标本除外）（只能用肉汤稀释法）、头孢洛林、夫西地酸、四环素（或米诺环素、多西环素）、利福平、呋喃妥因（尿液标本）。

（九）肠球菌属细菌监测药物

1.必须监测的药物。青霉素（或氨苄西林）、庆大霉素（高浓度）或链霉素（高浓度）、万古霉素、利奈唑胺。

2.建议监测的药物。左氧氟沙星（或环丙沙星）（尿液标本）、替考拉宁、达托霉素（下呼吸道标本除外）、利福平、米诺环素（或多西环素）、呋喃妥因（尿液标本）、磷霉素（尿液标本，粪肠球菌）。

（十）肺炎链球菌监测药物

1.分离自脑脊液的肺炎链球菌。青霉素（须检测MIC）、万古霉素、头孢曲松或头孢噻肟（须检测MIC）、美罗培南（须检测MIC）。

2.分离自脑脊液以外的肺炎链球菌。青霉素（须检测MIC）（或苯唑西林纸片，当苯唑西林纸片≤19 mm时，须检测青霉素MIC）、红霉素、克林霉素、左氧氟沙星（或莫西沙星）、四环素（或多西环素）、万古霉素、甲氧苄啶/磺胺甲噁唑、阿莫西林/克拉维酸（须检测MIC）、头孢呋辛（须检测MIC）、头孢曲松或头孢噻肟（须检测MIC）、美罗培南（须检测MIC）、利奈唑胺。

（十一）β-溶血链球菌群监测药物（对 β-内酰胺类不需要常规做药敏试验）

1. 必须监测的药物。红霉素、克林霉素、四环素。

2. 建议监测的药物。青霉素（或氨苄西林）、头孢曲松（或头孢噻肟）、万古霉素、左氧氟沙星、利奈唑胺。

（十二）草绿色链球菌群监测药物

1. 必须监测的药物。青霉素或氨苄西林（须检测 MIC）、万古霉素、头孢曲松（或头孢噻肟）。

2. 建议监测的药物（须检测 MIC）。红霉素、克林霉素、利奈唑胺、左氧氟沙星。

二、肠杆菌目细菌药敏结果审核关键点

（一）肠杆菌目细菌天然耐药

1. 弗劳地枸橼酸杆菌,对氨苄西林、阿莫西林/克拉维酸、氨苄西林/舒巴坦、第一代头孢菌素（头孢唑啉、头孢噻吩）、头霉素类（头孢西丁、头孢替坦）、第二代头孢菌素（头孢呋辛）天然耐药。

2. 克氏柠檬酸杆菌、无丙二酸枸橼酸杆菌、法式枸橼酸杆菌、塞氏枸橼酸杆菌,对氨苄西林、替卡西林天然耐药。

3. 阴沟肠杆菌复合群（包括阴沟肠杆菌、阿氏肠杆菌和霍氏肠杆菌），对氨苄西林、阿莫西林/克拉维酸、氨苄西林/舒巴坦、第一代头孢菌素(头孢唑啉、头孢噻吩）、头霉素类（头孢西丁、头孢替坦）天然耐药。阴沟肠杆菌复合群中其他种（如科比肠杆菌、路德维希肠杆菌等）无药敏试验数据可用。

4. 大肠埃希菌, 对 β-内酰胺类药物无天然耐药。

5. 赫氏埃希菌, 对氨苄西林、替卡西林天然耐药。

6. 蜂房哈夫尼菌, 对氨苄西林、阿莫西林/克拉维酸、氨苄西林/舒巴坦、第一代头孢菌素（头孢唑啉、头孢噻吩）、头霉素类（头孢西丁、头孢替坦）、

黏菌素、多黏菌素 B 天然耐药。

7.摩氏摩根菌，对氨苄西林、阿莫西林/克拉维酸、第一代头孢菌素（头孢唑啉、头孢噻吩）、第二代头孢菌素（头孢呋辛）、替加环素、呋喃妥因、黏菌素、多黏菌素 B 天然耐药。摩氏摩根菌可通过非产碳青霉烯酶机制导致亚胺培南 MIC 升高，若菌株被检测出具有敏感性，则应将其报告为敏感。

8.普通变形杆菌，对氨苄西林、第一代头孢菌素（头孢唑啉、头孢噻吩）、第二代头孢菌素（头孢呋辛）、四环素类、替加环素、呋喃妥因、黏菌素、多黏菌素 B 天然耐药。普通变形杆菌可通过非产碳青霉烯酶机制导致亚胺培南 MIC 升高，若菌株被检测出具有敏感性，则应将其报告为敏感。

9.奇异变形杆菌，对青霉素类和头孢菌素类不存在天然耐药，对四环素类、替加环素、呋喃妥因、多黏菌素 B、黏菌素天然耐药。奇异变形杆菌可通过非产碳青霉烯酶机制导致亚胺培南 MIC 升高，若菌株被检测出具有敏感性，则应将其报告为敏感。

10.潘氏变形杆菌，对氨苄西林、第一代头孢菌素（头孢唑啉、头孢噻吩）、第二代头孢菌素（头孢呋辛）、四环素类、替加环素、呋喃妥因、黏菌素、多黏菌素 B 天然耐药。潘氏变形杆菌可通过非产碳青霉烯酶机制导致亚胺培南 MIC 升高，若菌株被检测出具有敏感性，则应将其报告为敏感。

11.肺炎克雷伯菌、产酸克雷伯菌、变栖克雷伯菌，对氨苄西林、替卡西林天然耐药。

12.产气克雷伯菌（原产气肠杆菌），对氨苄西林、阿莫西林/克拉维酸、氨苄西林/舒巴坦、第一代头孢菌素（头孢唑啉、头孢噻吩）、头霉素类（头孢西丁、头孢替坦）天然耐药。

13.雷氏普鲁威登菌和斯氏普鲁威登菌，对氨苄西林、阿莫西林/克拉维酸、第一代头孢菌素（头孢唑啉、头孢噻吩）、四环素类、替加环素、呋喃妥因、多黏菌素 B、黏菌素天然耐药。斯氏普鲁威登菌可通过非产碳青霉烯酶机制导致亚胺培南 MIC 升高，若菌株被检测出具有敏感性，则应将其报告为敏感。

14.拉乌尔菌属（解鸟氨酸拉乌尔菌、土生拉乌尔菌、植生拉乌尔菌），对氨苄西林、替卡西林天然耐药。

15. 黏质沙雷菌，对氨苄西林、阿莫西林／克拉维酸、氨苄西林／舒巴坦、第一代头孢菌素（头孢唑啉、头孢噻吩）、头霉素类（头孢西丁、头孢替坦）、第二代头孢菌素（头孢呋辛）、呋喃妥因、多黏菌素 B、黏菌素天然耐药。黏质沙雷菌对妥布霉素的 MIC 可能升高，若菌株被检测出具有敏感性，则应将其报告为敏感。

16. 小肠结肠炎耶尔森菌，对氨苄西林、阿莫西林／克拉维酸、替卡西林、第一代头孢菌素（头孢唑啉、头孢噻吩）天然耐药。

17. 沙门菌属和志贺菌属，对 β - 内酰胺类药物不存在天然耐药，但第一代头孢菌素（头孢唑啉、头孢噻吩）、第二代头孢菌素（头孢呋辛）和头霉素类（头孢西丁、头孢替坦）在体外可显示活性，临床无效，不能报告为敏感。

18. 肠杆菌目细菌，对克林霉素、达托霉素、夫西地酸、糖肽类（万古霉素、替考拉宁）、利奈唑胺、泰地洛德、脂糖肽（奥利万星、替考拉宁、特拉万星）、大环内酯类（红霉素、克拉霉素和阿奇霉素）、奎奴普丁 - 达福普汀、利福平天然耐药，但大环内酯类药物有例外（如阿奇霉素）。

（二）肠杆菌目细菌药敏结果审核注意点

1. 碳青霉烯类耐药。仪器提示检出 CRE，出现亚胺培南耐药、厄他培南耐药、美罗培南耐药，应做确认试验，如检出碳青霉烯酶，应在报告上明确标示 CRE，建议以危急值方式报告给临床，提醒临床注意接触隔离。有条件的实验室建议进行碳青霉烯酶基因型检测。

2. 少见的矛盾耐药表型应复核。例如，阿米卡星耐药，而庆大霉素敏感；碳青霉烯类耐药，而头孢菌素敏感；酶抑制剂类复方制剂耐药，而头孢菌素敏感；亚胺培南、美罗培南耐药，而厄他培南敏感；头孢呋辛耐药，而头孢唑林敏感。

3. 沙门菌属和志贺菌属对 β - 内酰胺类不存在天然耐药，但对第一代头孢菌素（头孢唑林）、第二代头孢菌素（头孢呋辛）、头霉素（头孢替坦）在体外可出现敏感，临床无效，不能报告为敏感。

4. 变形杆菌属、普鲁威登菌属和摩氏摩根菌，因非产碳青霉烯酶的耐药机制使亚胺培南 MIC 升高，亚胺培南 MIC 高于美罗培南，有较多的结果为中介或耐药范围内，若菌株被检测出具有敏感性，则应将其报告为敏感，若耐药，需要参考除亚胺培南外的其他碳青霉烯类抗菌药物判断是否为 CRE。

5. 在用第三代头孢菌素治疗期间，一些肠杆菌目细菌（如产气克雷伯菌、柠檬酸杆菌属、阴沟肠杆菌复合群、沙雷菌属等）可能因诱导型 AmpC β- 内酰胺酶的去阻遏表达作用而表现为耐药，最初敏感的分离株可能在治疗开始后 3~4 天变为耐药，再次分离的菌株需要重新做药敏试验。

6. 替加环素在空气中易氧化降解，自动化仪器药敏结果有时出现假中介或假耐药，应采用其他方法进行复核确认，肉汤微量稀释法是"金标准"。

7. 对于体外药敏测试头孢吡肟结果为敏感或 SDD 的菌株，如果证实该菌株产碳青霉烯酶，应不报告头孢吡肟结果或报告为耐药。

8. 对于头孢他啶 / 阿维巴坦抑菌圈直径为 20~22 mm 的菌株，需要用 MIC 法确认。

（三）肠杆菌目细菌典型药敏结果审核及解读

药敏结果审核表说明：替加环素折点参照美国食品药品管理局（Food and Drug Administration，FDA）折点；头孢哌酮 / 舒巴坦折点参照药品说明书折点；其余抗菌药物药敏折点判断标准参照《M100 抗微生物药物敏感性试验执行标准》；药敏试验 K–B 法单位是 mm，MIC 法单位是 μg/mL。

1. 大肠埃希菌 ESBLs 阴性药敏结果审核及解读（表 9–1）。

表 9–1 药敏结果解读：

（1）该标本为临床送检的 2 套血液培养，均报告阳性，均分离出大肠埃希菌，菌血症可能性大。大肠埃希菌是一种革兰氏阴性兼性厌氧菌，主要定植于人类和动物的肠道中，是一种常见的肠道条件致病菌，能够引起严重的腹泻，并在特定条件下导致肠道外感染。

（2）血培养阳性属于危急值，实行分级报告制度。

①一级报告：血培养（厌氧瓶）涂片找到革兰氏阴性杆菌，报告阳性时间

表 9-1　大肠埃希菌 ESBLs 阴性药敏结果及解读

类别	抗生素	结果	敏感性	方法	折点	审核要点
耐药表型	超广谱 β-内酰胺酶	NEG	阴性（-）	MIC法		
青霉素类	氨苄西林	≥32.00	耐药（R）	MIC法	8.00~32.00	
β-内酰胺复方制剂	阿莫西林/克拉维酸	4.00	敏感（S）	MIC法	8.00~32.00	需要补充
β-内酰胺复方制剂	氨苄西林/舒巴坦	4.00	敏感（S）	MIC法	8.00~32.00	
β-内酰胺复方制剂	哌拉西林/他唑巴坦	≤4.00	敏感（S）	MIC法	8.00~32.00	
β-内酰胺复方制剂	头孢哌酮/舒巴坦	24.00	敏感（S）	K-B法	15.00~21.00	需要补充
头孢菌素类	头孢唑林	28.00	敏感（S）	K-B法	19.00~23.00	复核折点不覆盖
头孢菌素类	头孢呋辛	≤2.00	敏感（S）	MIC法	8.00~32.00	需要补充
头孢菌素类	头孢替坦	≤4.00	敏感（S）	MIC法	16.00~64.00	
头孢菌素类	头孢他啶	≤1.00	敏感（S）	MIC法	4.00~16.00	
头孢菌素类	头孢曲松	≤1.00	敏感（S）	MIC法	1.00~4.00	
头孢菌素类	头孢噻肟	≤1.00	敏感（S）	MIC法	1.00~4.00	需要补充
头孢菌素类	头孢吡肟	≤1.00	敏感（S）	MIC法	2.00~16.00	
单环 β-内酰胺类	氨曲南	≤1.00	敏感（S）	MIC法	4.00~16.00	
碳青霉烯类	厄他培南	≤0.50	敏感（S）	MIC法	0.50~2.00	CRE 要做确认试验
碳青霉烯类	亚胺培南	≤1.00	敏感（S）	MIC法	1.00~4.00	CRE 要做确认试验
碳青霉烯类	美罗培南	≤1.00	敏感（S）	MIC法	1.00~4.00	需要补充，CRE 要做确认试验
氨基糖苷类	阿米卡星	≤2.00	敏感（S）	MIC法	4.00~16.00	
氨基糖苷类	庆大霉素	≤1.00	敏感（S）	MIC法	2.00~8.00	
氨基糖苷类	妥布霉素	≤1.00	敏感（S）	MIC法	2.00~8.00	
氟喹诺酮类	环丙沙星	≥4.00	耐药（R）	MIC法	0.25.00~1.00	
氟喹诺酮类	左氧氟沙星	≥8.00	耐药（R）	MIC法	0.50~2.00	
叶酸途径抗拮剂类	甲氧苄啶/磺胺甲噁唑	≥16.00/304.00	耐药（R）	MIC法	2.00~4.00	

注：（1）NEG 是 negative 的缩写，表示阴性。
（2）药敏试验 K-B 法单位是 mm，MIC 法单位是 μg/mL。

为 34 小时 18 分钟。

②二级报告：大肠埃希菌。

③三级报告：细菌名称为大肠埃希菌，耐药类型为多重耐药菌。

（3）药敏报告显示分离的大肠埃希菌对氨苄西林耐药，耐药机制为产 β-内酰胺酶，对不耐酶的青霉素类（氨苄西林、阿莫西林、哌拉西林）耐药。该菌对头孢菌素类、含 β-内酰胺酶抑制剂的复方制剂及碳青霉烯类敏感。药敏结果显示氨苄西林、环丙沙星、左氧氟沙星、甲氧苄啶/磺胺甲噁唑耐药，需要在报告单上备注"多重耐药菌"。

（4）应补充该药敏板未包含的必报药物：阿莫西林/克拉维酸、头孢哌酮/舒巴坦、头孢呋辛、头孢噻肟、美罗培南。

（5）复核该药敏板折点未覆盖的药物：非尿液标本中头孢唑林 MIC ≤ 4 μg/mL 时，可以用纸片扩散法进行复核。

（6）复核少见的矛盾耐药情况：复核 CRE，做确认实验，建议做碳青霉烯酶表型或基因型检测。复核碳青霉烯类耐药，而头孢菌素类敏感；酶抑制剂类复方制剂耐药，而头孢菌素类敏感；阿米卡星耐药，而庆大霉素敏感。

2. 大肠埃希菌 ESBLs 阳性药敏结果审核及解读（表 9-2）。

表 9-2 药敏结果解读：

（1）该标本为临床送检的尿液培养，菌落计数 > 105 CFU/mL，尿常规亚硝酸盐阳性，镜检白细胞增多，分离出大肠埃希菌。

（2）药敏结果显示分离的大肠埃希菌为典型的产 ESBL 菌株，表现为对头孢噻肟、头孢曲松耐药。ESBL 的活性可被 β-内酰胺酶抑制剂（舒巴坦、他唑巴坦、克拉维酸）抑制，故该菌对 β-内酰胺复方制剂（阿莫西林/克拉维酸、氨苄西林/舒巴坦、哌拉西林/他唑巴坦、头孢哌酮/舒巴坦）敏感。在报告单上备注"产超广谱 β-内酰胺酶"。

（3）需要补充该药敏板未包含的必报药物：阿莫西林/克拉维酸、头孢哌酮/舒巴坦、头孢呋辛、头孢噻肟、美罗培南。

（4）尿液标本分离的大肠埃希菌要加做呋喃妥因药敏试验，因为呋喃妥

表 9-2　大肠埃希菌 ESBLs 阳性药敏结果及解读

类别	抗生素	结果	敏感性	方法	折点	审核要点
耐药表型	超广谱 β-内酰胺酶	POS	阳性（+）	MIC法		
青霉素类	氨苄西林	≥ 32.00	耐药（R）	MIC法	8.00~32.00	
β-内酰胺酶复方制剂	阿莫西林/克拉维酸	4.00	敏感（S）	MIC法	8.00~32.00	需要补充
β-内酰胺酶复方制剂	氨苄西林/舒巴坦	4.00	敏感（S）	MIC法	8.00~32.00	
β-内酰胺酶复方制剂	哌拉西林/他唑巴坦	≤ 4.00	敏感（S）	MIC法	8.00~32.00	
β-内酰胺酶复方制剂	头孢哌酮/舒巴坦	25.00	敏感（S）	K-B法	15.00~21.00	需要补充
头孢菌素类	头孢唑林（尿）	≥ 64.00	耐药（R）	MIC法	16.00~32.00	尿标本折点
头孢菌素类	头孢呋辛	≥ 64.00	耐药（R）	MIC法	8.00~32.00	需要补充
头孢菌素类	头孢替坦	≤ 4.00	敏感（S）	MIC法	16.00~64.00	
头孢菌素类	头孢他啶	4.00	敏感（S）	MIC法	4.00~16.00	
头孢菌素类	头孢曲松	≥ 64.00	耐药（R）	MIC法	1.00~4.00	
头孢菌素类	头孢噻肟	≥ 64.00	耐药（R）	MIC法	1.00~4.00	需要补充
头孢菌素类	头孢吡肟	2.00	敏感（S）	MIC法	2.00~16.00	
单环 β-内酰胺类	氨曲南	4.00	敏感（S）	MIC法	4.00~16.00	
碳青霉烯类	厄他培南	≤ 0.50	敏感（S）	MIC法	0.50~2.00	CRE 要做确认试验
碳青霉烯类	亚胺培南	≤ 1.00	敏感（S）	MIC法	1.00~4.00	CRE 要做确认试验
碳青霉烯类	美罗培南	≤ 1.00	敏感（S）	MIC法	1.00~4.00	需要补充，CRE 要做确认试验
氨基糖苷类	阿米卡星	≤ 2.00	敏感（S）	MIC法	4.00~16.00	
氨基糖苷类	庆大霉素	≤ 1.00	敏感（S）	MIC法	2.00~8.00	
氨基糖苷类	妥布霉素	≤ 1.00	敏感（S）	MIC法	2.00~8.00	
氟喹诺酮类	环丙沙星	≤ 0.25	敏感（S）	MIC法	0.25~1.00	
氟喹诺酮类	左氧氟沙星	≤ 0.25	敏感（S）	MIC法	0.50~2.00	
硝基呋喃抗菌类	呋喃妥因	16.00	敏感（S）	MIC法	32.00~128.00	尿液标本报告
叶酸途径抗菌剂类	甲氧苄啶/磺胺甲噁唑	≤ 1.00/19.00	敏感（S）	MIC法	2.00~4.00	

注：
(1) POS 是 positive 的缩写，表示阳性。
(2) 药敏试验 K-B 法单位是 mm，MIC 法单位是 μg/mL。

因在泌尿道系统中浓度高、抗菌活性强，是治疗大肠埃希菌所致尿路感染的重要可选药物之一。

（5）尿液标本分离的大肠埃希菌对头孢唑林敏感性判定采用尿液折点，即头孢唑林 MIC ≤ 16 μg/mL 为敏感，MIC ≥ 64 μg/mL 为耐药。使用口服头孢菌素治疗大肠埃希菌导致的非复杂性尿路感染时，以头孢唑林折点进行替代试验，可预报头孢克洛、头孢地尼、头孢呋辛、头孢氨苄的敏感性。对于头孢唑林耐药株，如需要使用此类抗菌药物，应另行药敏检测。

（6）复核少见的矛盾耐药情况：复核 CRE，做确认实验，建议做碳青霉烯酶表型或基因型检测。复核碳青霉烯类耐药，而头孢菌素类敏感；酶抑制剂类复方制剂耐药，而头孢菌素类敏感；阿米卡星耐药，而庆大霉素敏感。

3. 肺炎克雷伯菌 CRE 药敏结果审核及解读（表 9-3）。

表 9-3 药敏结果解读：

（1）该标本为临床送检的痰液培养，分离出肺炎克雷伯菌，痰标本质量合格，涂片结果上皮细胞 < 10 个 / 低倍视野，菌落计数半定量 3+。肺炎克雷伯菌是常见的院内感染病原体，为呼吸道感染的重要病原体，常引起重症肺炎，还可引起泌尿道感染、胆道感染、败血症和化脓性脑膜炎等严重疾病。随着碳青霉烯类抗生素的广泛使用，耐碳青霉烯类肺炎克雷伯菌（carbapenem-resistant *Klebsiella pneumoniae*，CRKP）逐渐出现并广泛流行。CRKP 感染控制难度大，病死率高，已成为院内死亡的独立危险因素。

（2）该菌是 CRKP，对亚胺培南、厄他培南、美罗培南中任意一种药物耐药，即判定为碳青霉烯类耐药菌。通过耐药基因检测确认该菌产 KPC 型碳青霉烯酶，应在报告单上备注 "KPC 型碳青霉烯酶阳性：A 类碳青霉烯酶"，其活性可被阿维巴坦抑制，产酶菌通常仅对替加环素、黏菌素、头孢他啶 / 阿维巴坦敏感。

（3）肺炎克雷伯菌对氨苄西林、替卡西林天然耐药，可备注在报告单上。

（4）需要补充该药敏板未包含的必报药物：阿莫西林 / 克拉维酸、头孢哌酮 / 舒巴坦、头孢呋辛、头孢噻肟、美罗培南。

表 9-3　肺炎克雷伯菌 CRE 菌株药敏结果及解读

类别	抗生素	结果	敏感性	方法	折点	审核要点
耐药表型	超广谱 β-内酰胺酶	POS	阳性（+）	MIC法		
青霉素类	氨苄西林	≥32.00	耐药（R）	MIC法		报告单备注天然耐药
β-内酰胺复方制剂	阿莫西林/克拉维酸	≥32.00	耐药（R）	MIC法	8.00~32.00	需要补充
β-内酰胺复方制剂	氨苄西林/舒巴坦	≥32.00	耐药（R）	MIC法	8.00~32.00	
β-内酰胺复方制剂	哌拉西林/他唑巴坦	≥128.00	耐药（R）	MIC法	8.00~32.00	
β-内酰胺复方制剂	头孢哌酮/舒巴坦	6.00	耐药（R）	K-B法	15.00~21.00	需要补充
头孢菌素类	头孢唑林	≥64.00	耐药（R）	MIC法	2.00~8.00	复核折点不覆盖
头孢菌素类	头孢呋辛	≥64.00	耐药（R）	MIC法	8.00~32.00	需要补充
头孢菌素类	头孢替坦	≥64.00	耐药（R）	MIC法	16.00~64.00	
头孢菌素类	头孢他啶	≥64.00	耐药（R）	MIC法	4.00~16.00	
头孢菌素类	头孢曲松	≥64.00	耐药（R）	MIC法	1.00~4.00	
头孢菌素类	头孢噻肟	≥64.00	耐药（R）	MIC法	1.00~4.00	需要补充
头孢菌素类	头孢吡肟	≥64.00	耐药（R）	MIC法	2.00~16.00	
单环 β-内酰胺类	氨曲南	≥64.00	耐药（R）	MIC法	4.00~16.00	
碳青霉烯类	厄他培南	≥8.00	耐药（R）	MIC法	0.50~2.00	CRE要做确认试验
碳青霉烯类	亚胺培南	≥16.00	耐药（R）	MIC法	1.00~4.00	CRE要做确认试验

续表

类别	抗生素	结果	敏感性	方法	折点	审核要点
碳青霉烯类	美罗培南	≥ 8.00	耐药（R）	MIC 法	1.00~4.00	需要补充，CRE 要做确认试验
氨基糖苷类	阿米卡星	≥ 64.00	耐药（R）	MIC 法	4.00~16.00	
氨基糖苷类	庆大霉素	≥ 16.00	耐药（R）	MIC 法	2.00~8.00	
氨基糖苷类	妥布霉素	≥ 16.00	耐药（R）	MIC 法	2.00~8.00	
氟喹诺酮类	环丙沙星	≥ 4.00	耐药（R）	MIC 法	0.25~1.00	
氟喹诺酮类	左氧氟沙星	≥ 8.00	耐药（R）	MIC 法	0.50~2.00	
硝基呋喃类	呋喃妥因	256.00	耐药（R）	MIC 法	32.00~128.00	
叶酸途径结抗抑制剂类	甲氧苄啶/磺胺甲噁唑	≤ 1.00/19.00	敏感（S）	MIC 法	2.00~4.00	
四环素类	替加环素	0.50	敏感（S）	MIC 法（FDA 折点）	2.00~8.00	CRE 加做替加环素
耐药基因型	KPC 型碳青霉烯酶	阳性（+）		免疫层析法		CRE 做基因分型
耐药基因型	NDM 型碳青霉烯酶	阴性（－）		免疫层析法		CRE 做基因分型
耐药基因型	IMP 型碳青霉烯酶	阴性（－）		免疫层析法		CRE 做基因分型

注：（1）POS 是 positive 的缩写，表示阳性。
（2）药敏试验 K-B 法单位是 mm，MIC 法单位是 μg/mL。

（5）复核技术方案要求必报但该药敏板折点未覆盖的药物：在非尿液标本中头孢唑林 MIC ≤ 4 µg/mL 时，需要复核。

（6）复核少见的矛盾耐药情况：复核 CRE，做确认实验，建议做碳青霉烯酶表型或基因型检测。复核碳青霉烯类耐药，而头孢菌素类敏感；酶抑制剂类复方制剂耐药，而头孢菌素类敏感；阿米卡星耐药，而庆大霉素敏感。

4. 阴沟肠杆菌 CRE 药敏结果审核及解读（表9-4）。

表 9-4 药敏结果解读：

（1）该标本为临床送检的尿液培养，分离出阴沟肠杆菌，菌落计数＞105 CFU/mL。阴沟肠杆菌是一种革兰氏阴性杆菌，是医院内感染中常见的病原体，能够引发严重的泌尿系统感染、呼吸系统感染以及败血症。易感人群主要包括老年患者、儿童患者以及免疫力低下的患者。

（2）碳青霉烯酶基因检测结果显示该菌是典型的单产 NDM 型金属酶阴沟肠杆菌，金属酶不能水解氨曲南，药敏结果也证实该菌对氨曲南敏感，应在报告单上备注"NDM 型碳青霉烯酶阳性：B 类金属 β - 内酰胺酶"，其活性不能被阿维巴坦抑制，产酶菌株通常仅对替加环素和多黏菌素敏感，少数菌株对氨曲南敏感。

（3）阴沟肠杆菌对氨苄西林、阿莫西林 / 克拉维酸、氨苄西林 / 舒巴坦、第一代头孢菌素（头孢唑啉、头孢噻吩）、头霉素类（头孢西丁、头孢替坦）天然耐药，应备注在报告单上。

（4）需要补充该药敏板未包含的必报药物：阿莫西林 / 克拉维酸、头孢哌酮 / 舒巴坦、头孢呋辛、头孢噻肟、美罗培南。

（5）复核技术方案要求必报但该药敏板折点未覆盖的药物：非尿液标本中头孢唑林 MIC ≤ 4 µg/mL 时，需要复核。

（6）复核少见的矛盾耐药情况：复核 CRE，做确认实验，建议做碳青霉烯酶表型或基因型检测。复核碳青霉烯类耐药，而头孢菌素类敏感；酶抑制剂类复方制剂耐药，而头孢菌素类敏感；阿米卡星耐药，而庆大霉素敏感。

5. 沙门菌药敏结果审核及解读（表9-5）。

表 9-5 药敏结果解读：

表 9-4 阴沟肠杆菌 CRE 菌株药敏结果及解读

类别	抗生素	结果	敏感性	方法	折点	审核要点
青霉素类	氨苄西林	≥32.00	耐药（R）	MIC法		报告单备注天然耐药
β-内酰胺复方制剂	阿莫西林/克拉维酸	>32.00/16.00	耐药（R）	MIC法		报告单备注天然耐药
β-内酰胺复方制剂	氨苄西林/舒巴坦	≥32.00/16.00	耐药（R）	MIC法		报告单备注天然耐药
β-内酰胺复方制剂	哌拉西林/他唑巴坦	128.00	耐药（R）	MIC法	16.00~128.00	需要补充
β-内酰胺复方制剂	头孢哌酮/舒巴坦	64.00	耐药（R）	MIC法	16.00~64.00	
头孢菌素类	头孢唑林	≥32.00	耐药（R）	MIC法		报告单备注天然耐药
头孢菌素类	头孢呋辛	32.00	耐药（R）	MIC法	8.00~32.00	需要补充
头孢菌素类	头孢替坦	≥64.00	耐药（R）	MIC法		报告单备注天然耐药
头孢菌素类	头孢他啶	>32.00	耐药（R）	MIC法	4.00~16.00	需要补充
头孢菌素类	头孢曲松	>32.00	耐药（R）	MIC法	1.00~4.00	
头孢菌素类	头孢噻肟	≥64.00	耐药（R）	MIC法	1.00~4.00	需要补充
头孢菌素类	头孢吡肟	>16.00	耐药（R）	MIC法	2.00~16.00	
单环β-内酰胺类	氨曲南	≤2.00	敏感（S）	MIC法	4.00~16.00	
碳青霉烯类	厄他培南	>2.00	耐药（R）	MIC法	0.50~2.00	CRE要做确认试验
碳青霉烯类	亚胺培南	>8.00	耐药（R）	MIC法	1.00~4.00	CRE要做确认试验
碳青霉烯类	美罗培南	>8.00	耐药（R）	MIC法	1.00~4.00	需要补充，CRE要做确认试验
氨基糖苷类	阿米卡星	≤8.00	敏感（S）	MIC法	16.00~64.00	
氨基糖苷类	庆大霉素	16.00	耐药（R）	MIC法	4.00~16.00	
氨基糖苷类	妥布霉素	≥16.00	耐药（R）	MIC法	4.00~16.00	
氟喹诺酮类	环丙沙星	≥1.00	耐药（R）	MIC法	0.25~1.00	
氟喹诺酮类	左氧氟沙星	>8.00	耐药（R）	MIC法	0.50~2.00	
硝基呋喃类	呋喃妥因	128.00	耐药（R）	MIC法	32.00~128.00	
叶酸途径抑制剂类	甲氧苄啶/磺胺甲噁唑	>4.00/76.00	耐药（R）	MIC法	2.00~4.00	CRE加做替加环素
四环素类	替加环素	2.00	敏感（S）	MIC法	2.00~8.00	
耐药基因分型	KPC型碳青霉烯酶	阴性（-）	阴性（-）	免疫层析法		CRE做基因分型
耐药基因分型	NDM型碳青霉烯酶	阳性（+）	阳性（+）	免疫层析法		CRE做基因分型
耐药基因分型	IMP型碳青霉烯酶	阴性（-）	阴性（-）	免疫层析法		CRE做基因分型

注：药敏试验 MIC 法单位是 μg/mL。

表9-5　沙门菌药敏结果审核及解读

类别	抗生素	结果	敏感性	方法	折点	审核要点
青霉素类	氨苄西林	≤ 2.00	敏感（S）	MIC法	8.00~32.00	
β-内酰胺复方制剂	阿莫西林/克拉维酸	≤ 2.00	敏感（S）	MIC法	8.00~32.00	需要补充
β-内酰胺复方制剂	氨苄西林/舒巴坦	≤ 2.00	敏感（S）	MIC法	8.00~32.00	
β-内酰胺复方制剂	哌拉西林/他唑巴坦	≤ 4.00	敏感（S）	MIC法	8.00~32.00	需要补充
β-内酰胺复方制剂	头孢哌酮/舒巴坦	27.00	敏感（S）	K-B法	15.00~21.00	报告耐药
头孢菌素类	头孢唑林	≤ 4.00	耐药（R）	MIC法	2.00~8.00	报告耐药
头孢菌素类	头孢替坦	≤ 4.00	耐药（R）	MIC法	16.00~64.00	报告耐药
头孢菌素类	头孢呋辛	0.50	耐药（R）	MIC法	8.00~32.00	报告耐药
头孢菌素类	头孢他啶	≤ 1.00	敏感（S）	MIC法	4.00~16.00	
头孢菌素类	头孢曲松	≤ 1.00	敏感（S）	MIC法	1.00~4.00	
头孢菌素类	头孢噻肟	≤ 1.00	敏感（S）	MIC法	1.00~4.00	需要补充
头孢菌素类	头孢吡肟	≤ 1.00	敏感（S）	MIC法	2.00~16.00	
单环β-内酰胺类	氨曲南	≤ 1.00	敏感（S）	MIC法	4.00~16.00	
碳青霉烯类	厄他培南	≤ 0.50	敏感（S）	MIC法	0.50~2.00	CRE要做确认试验
碳青霉烯类	亚胺培南	≤ 1.00	敏感（S）	MIC法	1.00~4.00	CRE要做确认试验
碳青霉烯类	美罗培南	≤ 1.00	敏感（S）	MIC法	1.00~4.00	需要补充，CRE要做确认试验
氨基糖苷类	阿米卡星	≤ 2.00	耐药（R）	MIC法	4.00~16.00	报告耐药
氨基糖苷类	庆大霉素	≤ 1.00	耐药（R）	MIC法	2.00~8.00	报告耐药
氨基糖苷类	妥布霉素	≤ 1.00	耐药（R）	MIC法	2.00~8.00	报告耐药
氟喹诺酮类	环丙沙星	≤ 0.06	敏感（S）	MIC法	0.06~1.00	沙门菌专用折点
氟喹诺酮类	左氧氟沙星	≤ 0.12	敏感（S）	MIC法	0.12~2.00	沙门菌专用折点
叶酸途径抑制剂类	甲氧苄啶/磺胺甲噁唑	≤ 1.00/19.00	敏感（S）	MIC法	2.00~4.00	

注：药敏试验 K-B法单位是 mm，MIC法单位是 μg/mL。

（1）该标本为临床送检的粪便培养，分离出伤寒沙门菌。伤寒沙门菌为革兰氏阴性杆菌，可引起急性系统性感染（伤寒）和慢性感染（无症状带菌者），感染后导致的伤寒病全年可发病，多见于夏秋季，伤寒是乙类传染病。对于沙门菌鉴定，仪器或生化反应只能鉴定到属，需要用血清凝集试验通过沙门菌 O 抗原多价血清与 O、H 和 Vi 抗原单价因子血清凝集鉴定到种。

（2）沙门菌属对 β－内酰胺类药物不存在天然耐药，第一代头孢菌素（头孢唑啉、头孢噻吩）、第二代头孢菌素（头孢呋辛）和头霉素（头孢西丁、头孢替坦）在体外可显示活性，但临床无效，不能报告为敏感。

（3）需要补充该药敏板未包含的必报药物：阿莫西林 / 克拉维酸、头孢哌酮 / 舒巴坦、头孢噻肟、美罗培南。

（4）复核少见的矛盾耐药情况：复核 CRE，做确认实验，建议做碳青霉烯酶表型或基因型检测。复核碳青霉烯类耐药，而头孢菌素类敏感；酶抑制剂类复方制剂耐药，而头孢菌素类敏感；阿米卡星耐药，而庆大霉素敏感。

6. 奇异变形杆菌药敏结果审核及解读（表 9-6）。

表 9-6 药敏结果解读：

（1）该标本为临床送检的脓液培养，分离出奇异变形杆菌。奇异变形杆菌是消化道正常定植菌，引起原发性和继发性感染，可从伤口、血液、脑脊液、尿液等标本中分离，是医院内感染的重要条件致病菌之一。

（2）奇异变形杆菌可通过非产碳青霉烯酶机制导致亚胺培南 MIC 升高，若菌株被检测出具有敏感性，则应将其报告为敏感；若耐药，需要贴亚胺培南纸片复核。

（3）奇异变形杆菌对青霉素类和头孢菌素类不存在天然耐药。对四环素类、替加环素、呋喃妥因、多黏菌素 B、黏菌素天然耐药。

（4）需要补充该药敏板未包含的必报药物：阿莫西林 / 克拉维酸、头孢哌酮 / 舒巴坦、头孢呋辛、头孢噻肟、美罗培南。

（5）复核技术方案要求必报但该药敏板折点未覆盖的药物：非尿液标本中头孢唑林 MIC ≤ 4 μg/mL 时，需要复核。

表 9-6 奇异变形杆菌药敏结果审核及解读

类别	抗生素	结果	敏感性	方法	折点	审核要点
青霉素类	氨苄西林	≥32.00	耐药（R）	MIC法	8.00~32.00	
β-内酰胺复方制剂	阿莫西林/克拉维酸	≥32.00	耐药（R）	MIC法	8.00~32.00	需要补充
β-内酰胺复方制剂	氨苄西林/舒巴坦	≥32.00	耐药（R）	MIC法	8.00~32.00	
β-内酰胺复方制剂	哌拉西林/他唑巴坦	≤4.00	敏感（S）	MIC法	16.00~12800	
β-内酰胺复方制剂	头孢哌酮/舒巴坦	23.00	敏感（S）	K-B法	15.00~21.00	需要补充
头孢菌素类	头孢唑林	≥64.00	耐药（R）	MIC法	2.00~8.00	需要补充
头孢菌素类	头孢呋辛	32.00	耐药（R）	MIC法	8.00~32.00	需要补充
头孢菌素类	头孢替坦	≤4.00	敏感（S）	MIC法	16.00~64.00	
头孢菌素类	头孢他啶	4.00	敏感（S）	MIC法	4.00~16.00	
头孢菌素类	头孢曲松	≤1.00	敏感（S）	MIC法	1.00~4.00	
头孢菌素类	头孢噻肟	≤1.00	敏感（S）	MIC法	1.00~4.00	需要补充
头孢菌素类	头孢吡肟	≤1.00.	敏感（S）	MIC法	2.00~16.00	
单环β-内酰胺类	氨曲南	≤100	敏感（S）	MIC法	4.00~16.00	
碳青霉烯类	厄他培南	≤0.50	敏感（S）	MIC法	0.50~2.00	CRE要做确认试验
碳青霉烯类	亚胺培南	≤1.00	敏感（S）	MIC法	1.00~4.00	需要用K-B法复核
碳青霉烯类	美罗培南	≤1.00	敏感（S）	MIC法	1.00~4.00	需要补充，CRE要做确认试验
氨基糖苷类	阿米卡星	≤2.00	敏感（S）	MIC法	16.00~64.00	
氨基糖苷类	庆大霉素	8.00	中介（I）	MIC法	4.00~16.00	
氨基糖苷类	妥布霉素	8.00	中介（I）	MIC法	4.00~16.00	
氟喹诺酮类	环丙沙星	≥4.00	耐药（R）	MIC法	0.25~1.00	
氟喹诺酮类	左氧氟沙星	4.00	耐药（R）	MIC法	0.50~2.00	
硝基呋喃类	呋喃妥因	128.00	耐药（R）	MIC法		报告单备注天然耐药
叶酸途径拮抗抗菌类	甲氧苄啶/磺胺甲噁唑	≥16.00/304.00	耐药（R）	MIC法	2.00~4.00	

注：药敏试验 K-B 法单位是 mm，MIC 法单位是 μg/mL。

（6）复核少见的矛盾耐药情况：如美罗培南和厄他培南耐药，应复核CRE，做确认实验，建议做碳青霉烯酶表型或基因型检测。复核碳青霉烯类耐药，而头孢菌素类敏感；酶抑制剂类复方制剂耐药，而头孢菌素类敏感；阿米卡星耐药，而庆大霉素敏感。

三、不动杆菌属细菌药敏结果审核关键点

（一）不动杆菌属细菌天然耐药

不动杆菌属细菌对氨苄西林、阿莫西林、阿莫西林/克拉维酸、头孢唑林、头孢呋辛、头孢西丁、头孢替坦、氨曲南、厄他培南、甲氧苄啶、氯霉素、磷霉素天然耐药。由于舒巴坦对其有活性，可能对氨苄西林/舒巴坦敏感。

（二）不动杆菌属药敏结果审核注意点

1.复核矛盾耐药表型。庆大霉素敏感，而阿米卡星耐药；环丙沙星敏感，而左氧氟沙星耐药。鲍曼不动杆菌药敏结果为亚胺培南耐药、庆大霉素耐药而阿米卡星敏感时，阿米卡星需要用其他方法复核。

2.碳青霉烯类耐药。仪器检出亚胺培南耐药或美罗培南耐药，均为碳青霉烯类耐药鲍曼不动杆菌（carbapenem-resistant *Acinetobacter baumannii*，CRAB），应在药敏报告上明确标示 CRAB，建议以危急值方式报告给临床，提醒临床注意接触隔离。

（三）鲍曼不动杆菌药敏结果审核及解读（表9-7）

表9-7 药敏结果解读：

1.该标本为临床送检的肺泡灌洗液培养，分离出鲍曼不动杆菌。鲍曼不动杆菌是革兰氏阴性杆菌，是目前重要的院内感染菌，尤其在 ICU 容易流行。鲍曼不动杆菌最常见的感染部位为呼吸道，主要通过接触传播，手卫生是感染预防与控制措施的重点。

2.该菌为 CRAB，其耐药机制复杂，主要包括青霉素结合蛋白的突变和多种 β-内酰胺酶的产生，尤其是 D 类 OXA 酶。治疗通常需要联合用药。

表 9-7 鲍曼不动杆菌药敏结果审核及解读

类别	抗生素	结果	敏感性	方法	折点	审核要点
青霉素类	氨苄西林	≥32.00	耐药（R）	MIC 法		报告单备注天然耐药
β-内酰胺复方制剂	氨苄西林/舒巴坦	≥32.00	耐药（R）	MIC 法	8.00~32.00	
β-内酰胺复方制剂	哌拉西林/他唑巴坦	≥128.00	耐药（R）	MIC 法	16.00~128.00	
β-内酰胺复方制剂	头孢哌酮/舒巴坦	≥64.00	耐药（R）	MIC 法	16.00~64.00	需要补充
头孢菌素类	头孢唑林	≥32.00	耐药（R）	MIC 法		报告单备注天然耐药
头孢菌素类	头孢替坦	≥32.00	耐药（R）	MIC 法		报告单备注天然耐药
头孢菌素类	头孢他啶	>32.00	耐药（R）	MIC 法	8.00~32.00	
头孢菌素类	头孢曲松	≥64.00	耐药（R）	MIC 法	8.00~64.00	
头孢菌素类	头孢吡肟	≥32.00	耐药（R）	MIC 法	8.00~32.00	
单环 β-内酰胺类	氨曲南	>32.00	耐药（R）	MIC 法		报告单备注天然耐药
碳青霉烯类	厄他培南	>2.00	耐药（R）	MIC 法		报告单备注天然耐药
碳青霉烯类	亚胺培南	>8.00	耐药（R）	MIC 法	2.00~8.00	
碳青霉烯类	美罗培南	>8.00	耐药（R）	MIC 法	2.00~8.00	需要补充
氨基糖苷类	阿米卡星	16.00	敏感（S）	MIC 法	16.00~64.00	
氨基糖苷类	庆大霉素	4.00	敏感（S）	MIC 法	4.00~16.00	
氨基糖苷类	妥布霉素	4.00	敏感（S）	MIC 法	4.00~16.00	
氟喹诺酮类	环丙沙星	>4.00	耐药（R）	MIC 法	1.00~4.00	
氟喹诺酮类	左氧氟沙星	8.00	耐药（R）	MIC 法	2.00~8.00	
叶酸途径抑抗剂类	甲氧苄啶/磺胺甲噁唑	≤1.00/19.00	敏感（S）	MIC 法	2.00~4.00	
四环素类	米诺环素	≤1.00	敏感（S）	MIC 法	4.00~16.00	需要补充
四环素类	替加环素	1.00	敏感（S）	MIC 法	2.00~8.00	需要补充

注：药敏试验 MIC 法单位是 μg/mL。

149

3.需要补充技术方案要求必报但该药敏板未包含的药物：美罗培南、米诺环素、替加环素。

四、铜绿假单胞菌药敏结果审核关键点

（一）铜绿假单胞菌天然耐药

铜绿假单胞菌对氨苄西林、阿莫西林、氨苄西林/舒巴坦、阿莫西林/克拉维酸、头孢唑林、头孢呋辛、头孢西丁、头孢替坦、头孢噻肟、头孢曲松、厄他培南、四环素类、替加环素、复方新诺明、氯霉素天然耐药。

（二）铜绿假单胞菌药敏结果审核注意点

1.复核矛盾耐药表型。庆大霉素敏感，而阿米卡星耐药；左氧氟沙星敏感，而环丙沙星耐药。

2.碳青霉烯类耐药。铜绿假单胞菌对亚胺培南和美罗培南的耐药机制不同，药敏结果可能不一致，需要复核确认后报告，且两者的药敏结果不能相互推导。无论是亚胺培南耐药还是美罗培南耐药，均为碳青霉烯类耐药铜绿假单胞菌（carbapenem-resistant *Pseudomonas aeruginosa*，CRPA），应在药敏报告上明确标示 CRPA，建议以危急值方式报告给临床，提醒临床注意接触隔离。

（三）铜绿假单胞菌不同药敏结果审核及解读（表 9-8—表 9-10）

表 9-8 药敏结果解读：

1.该标本为临床送检的痰标本，分离出铜绿假单胞菌，痰标本质量合格，涂片结果上皮细胞＜10 个/低倍视野，菌落计数半定量 3+。铜绿假单胞菌是一种非发酵革兰氏阴性杆菌，在环境中广泛分布，常在人类呼吸道黏膜定植。当患者有严重创伤或机械通气医疗操作时，铜绿假单胞菌可引起呼吸道感染、伤口感染等。

2.该菌对亚胺培南、美罗培南同时耐药，为 CRPA，耐药机制可能为膜孔蛋白缺失以及外排泵高表达。

3.建议在报告单上备注天然耐药，避免临床误选用。

表 9-8　铜绿假单胞菌药敏结果审核及解读

类别	抗生素	结果	敏感性	方法	折点	审核要点
青霉素类	氨苄西林	≥ 32.00	耐药（R）	MIC 法		报告单备注天然耐药
β-内酰胺复方制剂	氨苄西林/舒巴坦	≥ 32.00	耐药（R）	MIC 法		报告单备注天然耐药
青霉素类	哌拉西林	≥ 128.00	耐药（R）	MIC 法	16.00~64.00	
β-内酰胺复方制剂	哌拉西林/他唑巴坦	≥ 128.00	耐药（R）	MIC 法	16.00~64.00	
β-内酰胺复方制剂	头孢哌酮/舒巴坦	10.00	耐药（R）	K-B 法	15.00~21.00	需要补充
头孢菌素类	头孢唑林	≥ 64.00	耐药（R）	MIC 法		报告单备注天然耐药
头孢菌素类	头孢呋辛	≥ 64.00	耐药（R）	MIC 法		报告单备注天然耐药
头孢菌素类	头孢呋辛酯	≥ 64.00	耐药（R）	MIC 法		报告单备注天然耐药
头孢菌素类	头孢替坦	≥ 64.00	耐药（R）	MIC 法		报告单备注天然耐药
头孢菌素类	头孢他啶	≥ 64.00	耐药（R）	MIC 法	8.00~32.00	
头孢菌素类	头孢曲松	≥ 64.00	耐药（R）	MIC 法		报告单备注天然耐药
头孢菌素类	头孢吡肟	≥ 64.00	耐药（R）	MIC 法	8.00~32.00	
单环 β-内酰胺类	氨曲南	≥ 64.00	耐药（R）	MIC 法	8.00~32.00	
碳青霉烯类	亚胺培南	≥ 16.00	耐药（R）	MIC 法	2.00~8.00	
碳青霉烯类	美罗培南	≥ 16.00	耐药（R）	MIC 法	2.00~8.00	
氨基糖苷类	阿米卡星	≤ 2.00	敏感（S）	MIC 法	16.00~64.00	
氨基糖苷类	妥布霉素	≤ 1.00	敏感（S）	MIC 法	1.00~4.00	
氟喹诺酮类	环丙沙星	≥ 4.00	耐药（R）	MIC 法	0.50~2.00	
氟喹诺酮类	左氧氟沙星	4.00	耐药（R）	MIC 法	1.00~4.00	
叶酸途径抗拮剂类	甲氧苄啶/磺胺甲噁唑	≥ 16.00/304.00	耐药（R）	MIC 法		报告单备注天然耐药

注：药敏试验 K-B 法单位是 mm，MIC 法单位是 $\mu g/mL$。

表 9-9 铜绿假单胞菌药敏结果审核及解读

类别	抗生素	结果	敏感性	方法	折点	审核要点
青霉素类	氨苄西林	≥ 32.00	耐药（R）	MIC 法		报告单备注天然耐药
β－内酰胺复方制剂	氨苄西林 / 舒巴坦	≥ 32.00	耐药（R）	MIC 法		报告单备注天然耐药
青霉素类	哌拉西林	≤ 4.00	敏感（S）	MIC 法	16.00~64.00	
β－内酰胺复方制剂	哌拉西林 / 他唑巴坦	≤ 4.00	敏感（S）	MIC 法	16.00~64.00	
β－内酰胺复方制剂	头孢哌酮 / 舒巴坦	24.00	敏感（S）	K-B 法	15.00~21.00	需要补充
头孢菌素类	头孢唑林	≥ 64.00	耐药（R）	MIC 法		报告单备注天然耐药
头孢菌素类	头孢呋辛	≥ 64.00	耐药（R）	MIC 法		报告单备注天然耐药
头孢菌素类	头孢呋辛酯	≥ 64.00	耐药（R）	MIC 法		报告单备注天然耐药
头孢菌素类	头孢替坦	≥ 64.00	耐药（R）	MIC 法		报告单备注天然耐药
头孢菌素类	头孢他啶	≤ 1.00	敏感（S）	MIC 法	8.00~32.00	
头孢菌素类	头孢曲松	≥ 64.00	耐药（R）	MIC 法		报告单备注天然耐药
头孢菌素类	头孢吡肟	≤ 1.00	敏感（S）	MIC 法	8.00~32.00	
单环 β－内酰胺类	氨曲南	≤ 1.00	敏感（S）	MIC 法	8.00~32.00	
碳青霉烯类	亚胺培南	8.00	耐药（R）	MIC 法	2.00~8.00	
碳青霉烯类	美罗培南	1.00	敏感（S）	MIC 法	2.00~8.00	
氨基糖苷类	阿米卡星	4.00	敏感（S）	MIC 法	16.00~64.00	
氨基糖苷类	妥布霉素	≤ 1.00	敏感（S）	MIC 法	1.00~4.00	
氟喹诺酮类	环丙沙星	1.00	中介（I）	MIC 法	0.50~2.00	
氟喹诺酮类	左氧氟沙星	2.00	中介（I）	MIC 法	1.00~4.00	
叶酸途径拮抗剂类	甲氧苄啶 / 磺胺甲噁唑	≥ 16.00/304.00	耐药（R）	MIC 法		报告单备注天然耐药

注：药敏试验 K-B 法单位是 mm，MIC 法单位是 μg/mL。

表 9-10　铜绿假单胞菌药敏结果审核及解读

类别	抗生素	结果	敏感性	方法	折点	审核要点
青霉素类	氨苄西林	≥ 32.00	耐药（R）	MIC 法		报告单备注天然耐药
β-内酰胺酶复方制剂	氨苄西林/舒巴坦	≥ 32.00	耐药（R）	MIC 法		报告单备注天然耐药
青霉素类	哌拉西林	8.00	敏感（S）	MIC 法	16.00~64.00	
β-内酰胺酶复方制剂	哌拉西林/他唑巴坦	16.00	敏感（S）	MIC 法	16.00~64.00	
β-内酰胺酶复方制剂	头孢哌酮/舒巴坦	21.00	敏感（S）	K-B 法	15.00~21.00	需要补充
头孢菌素类	头孢唑林	≥ 64.00	耐药（R）	MIC 法		报告单备注天然耐药
头孢菌素类	头孢呋辛	≥ 64.00	耐药（R）	MIC 法		报告单备注天然耐药
头孢菌素类	头孢呋辛酯	≥ 64.00	耐药（R）	MIC 法		报告单备注天然耐药
头孢菌素类	头孢替坦	≥ 64.00	耐药（R）	MIC 法		报告单备注天然耐药
头孢菌素类	头孢他啶	32.00	耐药（R）	MIC 法	8.00~32.00	
头孢菌素类	头孢曲松	≥ 64.00	耐药（R）	MIC 法		报告单备注天然耐药
头孢菌素类	头孢吡肟	8.00	敏感（S）	MIC 法	8.00~32.00	
单环 β-内酰胺类	氨曲南	32.00	耐药（R）	MIC 法	8.00~32.00	
碳青霉烯类	亚胺培南	2.00	敏感（S）	MIC 法	2.00~8.00	
碳青霉烯类	美罗培南	8.00	耐药（R）	MIC 法	2.00~8.00	
氨基糖苷类	阿米卡星	≤ 2.00	敏感（S）	MIC 法	16.00~64.00	
氨基糖苷类	妥布霉素	2.00	敏感（S）	MIC 法	1.00~4.00	
氟喹诺酮类	环丙沙星	0.50	中介（I）	MIC 法	0.50~2.00	
氟喹诺酮类	左氧氟沙星	1.00	中介（I）	MIC 法	1.00~4.00	
叶酸途径抗拮抗剂类	甲氧苄啶/磺胺甲噁唑	≥ 16.00/304.00	耐药（R）	MIC 法		报告单备注天然耐药

注：药敏试验 K-B 法单位是 mm，MIC 法单位是 μg/mL。

表 9-9 药敏结果解读：

1.该标本为临床送检的痰标本，分离出铜绿假单胞菌，痰标本质量合格，涂片结果上皮细胞＜ 10/ 低倍视野，菌落计数半定量 3+。

2.该菌为 CRPA，对亚胺培南和美罗培南中任意一种药物耐药，即判定为碳青霉烯酶类耐药菌。

3.该菌对亚胺培南耐药但对美罗培南敏感，耐药机制可能为膜孔蛋白 OprD 的缺乏。膜孔蛋白 OprD 是亚胺培南进入细菌细胞的通道，其缺乏后主要影响亚胺培南泵入细菌，对亚胺培南耐药，而其他抗菌药物仍可进入细菌细胞发挥作用，因此对哌拉西林、哌拉西林 / 他唑巴坦、头孢哌酮 / 舒巴坦、头孢他啶、头孢吡肟、氨曲南、美罗培南表现为敏感。

表 9-10 药敏结果解读：

1.该标本为临床送检的肺泡灌洗液标本，分离出铜绿假单胞菌。

2.该菌为 CRPA，对亚胺培南或美罗培南中任意一种药物耐药，即判定为碳青霉烯酶类耐药菌。

3.该菌对亚胺培南敏感但对美罗培南耐药，耐药机制可能为外排泵系统高表达。

五、葡萄球菌属药敏结果审核关键点

（一）葡萄球菌属细菌天然耐药

1.葡萄球菌属细菌对氨曲南、多黏菌素 B/E、萘啶酸天然耐药。

2.腐生葡萄球菌对新生霉素、磷霉素、夫西地酸天然耐药。

3.头状葡萄球菌对磷霉素天然耐药。

4.科氏葡萄球菌、木糖葡萄球菌对新生霉素天然耐药。

（二）葡萄球菌属药敏结果审核注意点

1.复核少见耐药表型。若检测出对万古霉素、替加环素、替考拉宁、利奈唑胺、喹努普汀 / 达福普汀中介或耐药，需要用肉汤稀释法复核，并保留菌株送上级实验室。

2. 万古霉素药敏试验须用 MIC 法，不能用纸片扩散法。

3. 青霉素若敏感，需要检测 β–内酰胺酶，若 β–内酰胺酶阳性，则报告青霉素耐药；若 β–内酰胺酶阴性，则需要再做青霉素抑菌圈边缘试验。

4. 必须报告耐甲氧西林葡萄球菌。苯唑西林 MIC ≥ 0.5 μg/mL 和（或）头孢西丁 POS（+），任一方法报告阳性即判定为耐甲氧西林葡萄球菌，报告时需要注明"耐甲氧西林葡萄球菌检测 POS（+）"。

5. 红霉素耐药、克林霉素敏感时，应进行红霉素诱导克林霉素耐药试验，若结果为 POS（阳性），则修改克林霉素 MIC ≥ 8 μg/Ml 并报告耐药。

6. 环丙沙星和左氧氟沙星药敏结果基本一致。

（三）金黄色葡萄球菌药敏结果审核及解读（表 9–11、表 9–12）

表 9–11 药敏结果解读：

1. 该标本为临床送检的分泌物培养，分离出金黄色葡萄球菌。金黄色葡萄球菌是一种具有较强致病力的革兰氏阳性球菌，能够引起皮肤软组织感染、血流感染及全身各脏器感染。

2. 该菌对青霉素耐药，耐药的机制为产窄谱 β–内酰胺酶。

3. 该菌对苯唑西林敏感，为对甲氧西林敏感的金黄色葡萄球菌。对苯唑西林敏感的葡萄球菌，通常对 β–内酰胺复方制剂、口服头孢烯类、注射头孢烯类、碳青霉烯类药物也敏感。

4. 该菌克林霉素诱导试验阳性，药敏结果显示红霉素耐药、克林霉素 MIC ≤ 0.25 μg/mL，提示该菌为诱导性克林霉素耐药，虽然克林霉素 MIC ≤ 0.25 μg/mL，但仍应报告为耐药。

表 9–12 药敏结果解读：

1. 该标本为临床送检的胸腔积液培养，分离出金黄色葡萄球菌。

2. 该菌为典型的 MRSA，耐药机制为 MRSA 携带 MecA 基因，该基因编码修饰青霉素结合蛋白 PBP2a，该蛋白对甲氧西林和其他 β–内酰胺类抗菌药物的亲和力下降，导致对这些抗菌药物耐药。苯唑西林为替代药物，MRSA 对除

表 9-11 金黄色葡萄球菌药敏结果审核及解读

类别	抗生素	结果	敏感性	方法	折点	审核要点
耐药表型	头孢西丁筛查试验	NEG	阴性（－）	MIC 法		
不耐酶青霉素类	青霉素 G	≥ 0.50	耐药（R）	MIC 法	0.125~0.250	
耐酶青霉素类	苯唑西林	≤ 0.25	敏感（S）	MIC 法	2.00~4.00	
氨基糖苷类	庆大霉素	≤ 0.50	敏感（S）	MIC 法	4.00~16.00	
氟喹诺酮类	环丙沙星	≤ 0.50	敏感（S）	MIC 法	1.00~4.00	
氟喹诺酮类	左氧氟沙星	0.25	敏感（S）	MIC 法	1.00~4.00	
氟喹诺酮类	莫西沙星	≤ 0.25	敏感（S）	MIC 法	0.50~2.00	
耐药表型	克林霉素诱导试验	POS	阳性（＋）	MIC 法		
大环内酯类	红霉素	≥ 8.00	耐药（R）	MIC 法	0.50~8.00	
林可酰胺类	克林霉素	≤ 0.25	耐药（R）	MIC 法	0.50~4.00	
链阳菌素类	奎奴普丁 / 达福普汀	≤ 0.25	敏感（S）	MIC 法	1.00~4.00	不敏感需要用其他方法复核
噁唑烷酮类	利奈唑胺	2.00	敏感（S）	MIC 法	4.00~8.00	不敏感需要用其他方法复核
糖肽类	万古霉素	≤ 0.50	敏感（S）	MIC 法	2.00~16.00	不敏感需要用其他方法复核
四环素类	四环素	≤ 1.00	敏感（S）	MIC 法	4.00~16.00	
四环素类	替加环素	≤ 0.12	敏感（S）	MIC 法	≤ 0.50	不敏感需要用其他方法复核
硝基呋喃类	呋喃妥因	≤ 16.00	敏感（S）	MIC 法	32.00~128.00	
安沙霉素类	利福平	≤ 0.50	敏感（S）	MIC 法	1.00~4.00	
叶酸途径拮抗剂类	甲氧苄啶 / 磺胺甲噁唑	≤ 0.50/9.50	敏感（S）	MIC 法	2.00~4.00	

注：（1）NEG 是 negative 的缩写，表示阴性；POS 是 positive 的缩写，表示阳性。
（2）药敏试验 MIC 法单位是 μg/mL。

表 9-12 金黄色葡萄球菌药敏结果审核及解读

类别	抗生素	结果	敏感性	方法	折点	审核要点
耐药表型	头孢西丁筛查试验	POS	阳性（+）	MIC 法		
不耐酶青霉素类	青霉素 G	≥ 0.50	耐药（R）	MIC 法	0.125~0.250	
耐酶青霉素类	苯唑西林	≥ 4.00	耐药（R）	MIC 法	2.00~4.00	
氨基糖苷类	庆大霉素	≥ 16.00	耐药（R）	MIC 法	4.00~16.00	
氟喹诺酮类	环丙沙星	≥ 8.00	耐药（R）	MIC 法	1.00~4.00	
氟喹诺酮类	左氧氟沙星	4.00	耐药（R）	MIC 法	1.00~4.00	
氟喹诺酮类	莫西沙星	2.00	耐药（R）	MIC 法	0.50~2.00	
耐药表型	克林霉素诱导试验	NEG	阴性（-）	MIC 法		
大环内酯类	红霉素	≥ 8.00	耐药（R）	MIC 法	0.50~8.00	
林可霉素类	克林霉素	≥ 8.00	耐药（R）	MIC 法	0.50~4.00	
链阳菌素类	奎奴普丁/达福普汀	≤ 0.25	敏感（S）	MIC 法	1.00~4.00	不敏感需要用其他方法复核
噁唑烷酮类	利奈唑胺	2.00	敏感（S）	MIC 法	4.00~8.00	不敏感需要用其他方法复核
糖肽类	万古霉素	1.00	敏感（S）	MIC 法	2.00~16.00	不敏感需要用其他方法复核
四环素类	四环素	≤ 1.00	敏感（S）	MIC 法	4.00~16.00	
四环素类	替加环素	≤ 0.12	敏感（S）	MIC 法	≤ 0.50	不敏感需要用其他方法复核
硝基呋喃类	呋喃妥因	≤ 16.00	敏感（S）	MIC 法	32.00~128.00	
安莎霉素类	利福平	≤ 0.50	敏感（S）	MIC 法	1.00~4.00	
叶酸途径拮抗剂类	甲氧苄啶/磺胺甲噁唑	≥ 16.00/304.00	耐药（R）	MIC 法	2.00~4.00	

注：（1）NEG 是 negative 的缩写，表示阴性；POS 是 positive 的缩写，表示阳性。
（2）药敏试验 MIC 法单位是 μg/mL。

头孢洛林外的所有 β- 内酰胺类抗生素均耐药。

3.MRSA 可通过改变抗菌药物作用靶位、产生修饰酶、降低膜通透性等不同机制，对氨基糖苷类、大环内酯类、氟喹诺酮类等耐药。

六、肠球菌属药敏结果审核关键点

（一）肠球菌属细菌天然耐药

肠球菌属对氨基糖苷类（高浓度除外）、头孢菌素类、克林霉素、夫西地酸、磺胺类天然耐药。粪肠球菌对喹努普汀 / 达福普汀天然耐药。鹑鸡肠球菌、铅黄肠球菌对喹努普汀 / 达福普汀、万古霉素天然耐药。

（二）肠球菌属药敏结果审核注意点

1.复核少见耐药表型。若检测出对万古霉素、利奈唑胺、替加环素、替考拉宁中介或耐药的肠球菌，需要复核（E- 试验或微量肉汤稀释法），并保留菌株送上级实验室。有条件的实验室可进一步进行耐药基因分子检测。

2.万古霉素药敏纸片扩散法检测为中介时，须用 MIC 法复核。

3.对于肠球菌，对青霉素敏感可预报其对氨苄西林和阿莫西林的敏感性；对氨苄西林敏感可预报其对阿莫西林的抗菌活性，但对氨苄西林敏感不能推导对青霉素敏感。

4.对于粪肠球菌，对氨苄西林敏感可预报其对亚胺培南的敏感性。

（三）肠球菌属药敏结果审核及解读（表 9-13、表 9-14）

表 9-13 药敏结果解读：

1.该标本为临床送检的血培养，分离出耐万古霉素屎肠球菌（vancomycin resistant Enterococcus，VRE）。屎肠球菌是革兰氏阳性球菌，其所致的血流感染是常见的院内感染，多见于有严重基础疾病且正在使用抗生素的患者。与粪肠球菌相比，屎肠球菌所致的血流感染的预后更差，因其耐药程度通常更高，治疗难度更大。

2.该菌对青霉素和氨苄西林高水平耐药，可能对氨基糖苷类联合效应不

表 9-13　屎肠球菌药敏结果审核及解读

类别	抗生素	结果	敏感性	方法	折点	审核要点
青霉素类	青霉素 G	≥ 64.00	耐药（R）	MIC 法	8.00~16.00	
青霉素类	氨苄西林	≥ 32.00	耐药（R）	MIC 法	8.00~16.00	
高水平氨基糖苷耐药检测	高浓度庆大霉素协同	SYN-S	SYN-S	MIC 法		
高水平氨基糖苷耐药检测	高浓度链霉素协同	SYN-R	SYN-R	MIC 法		
氟喹诺酮类	环丙沙星	≥ 8.00	耐药（R）	MIC 法	1.00~4.00	
氟喹诺酮类	左氧氟沙星	≥ 8.00	耐药（R）	MIC 法	2.00~8.00	
大环内酯类	红霉素	≥ 8.00	耐药（R）	MIC 法	0.50~8.00	
林可霉素类	克林霉素	≥ 8.00	耐药（R）	MIC 法		报告单备注天然耐药
链阳菌素类	奎奴普丁/达福普汀	0.50	敏感（S）	MIC 法	1.00~4.00	不敏感需要用其他方法复核
噁唑烷酮类	利奈唑胺	2.00	敏感（S）	MIC 法	2.00~8.00	不敏感需要用其他方法复核
糖肽类	万古霉素	≥ 32.00	耐药（R）	MIC 法	4.00~32.00	不敏感需要用其他方法复核
四环素类	四环素	≤ 1.00	敏感（S）	MIC 法	4.00~16.00	不敏感需要用其他方法复核
四环素类	替加环素	≤ 0.12	敏感（S）	MIC 法	≤ 0.25	
硝基呋喃类	呋喃妥因	64.00	中介（I）	MIC 法	32.00~128.00	不敏感需要用其他方法复核

注：（1）SYN-S 是 synergy-sensitive 的缩写，表示协同敏感；SYN-R 是 synergy-resistant 的缩写，表示协同耐药。
　　（2）药敏试验 MIC 法单位是 μg/mL。

表 9-14 粪肠球菌药敏结果审核及解读

类别	抗生素	结果	敏感性	方法	折点	审核要点
青霉素类	青霉素 G	2.00	敏感（S）	MIC 法	8.00~16.00	
青霉素类	氨苄西林	≤ 2.00	敏感（S）	MIC 法	8.00~16.00	
高水平氨基糖苷耐药检测	高浓度庆大霉素协同	SYN-S	敏感（S）	MIC 法		
高水平氨基糖苷耐药检测	高浓度链霉素协同	SYN-S	敏感（S）	MIC 法		
氟喹诺酮类	环丙沙星	≤ 0.50	敏感（S）	MIC 法	1.00~4.00	
氟喹诺酮类	左氧氟沙星	1.00	敏感（S）	MIC 法	2.00~8.00	
大环内酯类	红霉素	≥ 8.00	耐药（R）	MIC 法	0.50~8.00	
林可霉素类	克林霉素	≥ 8.00	耐药（R）	MIC 法		报告单备注天然耐药
链阳菌素类	奎奴普丁／达福汀	4.00	耐药（R）	MIC 法		报告单备注天然耐药
噁唑烷酮类	利奈唑胺	2.00	敏感（S）	MIC 法	2.00~8.00	不敏感需要用其他方法复核
糖肽类	万古霉素	1.00	敏感（S）	MIC 法	4.00~32.00	不敏感需要用其他方法复核
四环素类	四环素	≥ 16.00	耐药（R）	MIC 法	4.00~16.00	
四环素类	替加环素	≤ 0.12	敏感（S）	MIC 法	≤ 0.25	不敏感需要用其他方法复核
硝基呋喃类	呋喃妥因	≤ 16.00	敏感（S）	MIC 法	32.00~128.00	

注：（1）SYN-S 是 synergy-sensitive 的缩写，表示协同敏感。
（2）药敏试验 MIC 法单位是 μg/mL。

敏感。

3. 该菌对万古霉素耐药，经肠球菌耐药基因检测确认为 vanA 基因型所致。

4. 该菌对利奈唑胺敏感，临床可选用。利奈唑胺与万古霉素同时耐药的菌株较为罕见。

表 9-14 药敏结果解读：

1. 该标本为临床送检的尿培养，分离出粪肠球菌。粪肠球菌是革兰氏阳性球菌，泌尿道是肠球菌属最常见的感染部位。在尿路感染病原菌中，肠球菌为仅次于大肠埃希菌的第 2 位病原菌，临床表现包括发热、尿路刺激症状，尿常规镜检可见白细胞增多。

2. 该菌对青霉素和氨苄西林敏感，可能对氨基糖苷类联合效应敏感。

3. 该菌对高浓度庆大霉素、高浓度链霉素敏感，提示庆大霉素或链霉素等作用于细菌细胞壁合成的药物（如青霉素、氨苄西林、万古霉素等）可能存在联合杀菌效果。

4. 对于非产 β-内酰胺酶肠球菌，对青霉素敏感可预报其对氨苄西林、阿莫西林、氨苄西林/舒巴坦、阿莫西林/克拉维酸和哌拉西林/他唑巴坦钠敏感。但对氨苄西林敏感的肠球菌属细菌不能推定其对青霉素敏感。如需青霉素结果，必须对青霉素进行试验。

5. 该菌经确认为粪肠球菌，对氨苄西林敏感可预报其对亚胺培南敏感。

七、无乳链球菌药敏结果审核关键点

（一）无乳链球菌药敏结果审核注意点

复核少见耐药表型。对青霉素、氨苄西林、第三代头孢菌素、第四代头孢菌素、碳青霉烯类、万古霉素、达托霉素、利奈唑胺非敏感的 β-溶血链球菌群（如无乳链球菌等），应重新鉴定和药敏试验以确认。

（二）无乳链球菌药敏结果审核及解读（表 9-15）

表 9-15 药敏结果解读：

1. 该标本为临床送检的产科分泌物培养，分离出无乳链球菌。无乳链球菌是革兰氏阳性链球菌，可引起产后感染、菌血症、心内膜炎、皮肤和软组织感染。产妇分娩时采用药物预防，可预防新生儿早期无乳链球菌感染，但对晚期感染无效。

2. 该菌对青霉素敏感，可预报其对氨苄西林、氨苄西林/舒巴坦、阿莫西林、阿莫西林/克拉维酸、头孢唑啉、头孢吡肟、头孢罗膦、头孢噻肟、头孢曲松、厄他培南、亚胺培南、美罗培南敏感。

3. 红霉素可预报该菌对阿奇霉素、克拉霉素、地红霉素的敏感性和耐药性。

八、肺炎链球菌药敏结果审核关键点

（一）肺炎链球菌药敏结果审核注意点

1. 肺炎链球菌对青霉素无纸片法扩散法折点，可用苯唑西林纸片法结果（直径 ≥ 20 mm）预测青霉素的敏感性，或直接检测青霉素的 MIC。不能报告苯唑西林的敏感性。

2. 对于脑脊液分离的肺炎链球菌，应用 MIC 法检测，并按照脑膜炎折点报告青霉素、头孢噻肟、头孢曲松或美罗培南结果。

3. 对于非脑脊液分离的肺炎链球菌，苯唑西林抑菌圈直径 ≥ 20 mm 时，可根据非脑膜炎折点和脑膜炎折点分别报告青霉素敏感（MIC ≤ 0.06 μg/mL），同时可预报氨苄西林、氨苄西林/舒巴坦、阿莫西林、阿莫西林/克拉维酸、头孢克洛、头孢吡肟、头孢噻肟、头孢泊肟、头孢丙烯、头孢洛林、头孢唑肟、头孢曲松、头孢呋辛、多立培南、厄他培南、亚胺培南、氯碳头孢、美罗培南的敏感性；苯唑西林抑菌圈直径 ≤ 19 mm 时，须测定青霉素 MIC。

4. 肺炎链球菌对第二代、第三代头孢菌素无纸片扩散法折点，需要测定 MIC。

5. 红霉素可预测肺炎链球菌对阿奇霉素、克拉霉素和地红霉素的敏感性和

表9-15　无乳链球菌药敏结果审核及解读

类别	抗生素	结果	敏感性	方法	折点	审核要点
青霉素类	青霉素G	≤ 0.12	敏感（S）	MIC 法	0.125~0.250	非敏感需要用其他方法复核
青霉素类	氨苄西林	≤ 0.25	敏感（S）	MIC 法	8.00~32.00	非敏感需要用其他方法复核
氟喹诺酮类	左氧氟沙星	0.50	敏感（S）	MIC 法	0.50~2.00	
大环内酯类	红霉素	≤ 0.25	敏感（S）	MIC 法	0.50~8.00	需要用其他方法复核
林可霉素类	克林霉素	≤ 0.25	敏感（S）	MIC 法	0.50~4.00	
链阳菌素类	奎奴普丁/达福普汀	≤ 0.25	敏感（S）	MIC 法	1.00~4.00	非敏感需要用其他方法复核
噁唑烷酮类	利奈唑胺	1.00	敏感（S）	MIC 法	4.00~8.00	非敏感需要用其他方法复核
糖肽类	万古霉素	≤ 0.50	敏感（S）	MIC 法	4.00~32.00	非敏感需要用其他方法复核
四环素类	四环素	≤ 1.00	敏感（S）	MIC 法	4.00~16.00	
四环素类	替加环素	≤ 0.12	敏感（S）	MIC 法	≤ 0.25	非敏感需要用其他方法复核

注：药敏试验 MIC 法单位是 $\mu g/mL$。

耐药性。对左氧氟沙星敏感的肺炎链球菌分离株可报告其对莫西沙星、吉米沙星敏感，反之不行；对四环素敏感的菌株可报告其对多西环素敏感，反之不行。

（二）肺炎链球菌药敏结果审核及解读（表 9-16、表 9-17）

表 9-16 药敏结果解读：

1.该标本为临床送检的脑脊液培养，分离出肺炎链球菌。肺炎链球菌为革兰氏阳性链球菌，通常寄居于人体鼻咽部，可通过呼吸道飞沫传播，是 1 月龄以上婴儿和儿童细菌性脑膜炎的最常见病原体。

2.肺炎链球菌对利奈唑胺、万古霉素、碳青霉烯类非敏感的情况较为罕见，需要分纯菌株后复核。

表 9-17 药敏结果解读：

1.该标本为临床送检的肺泡灌洗液标本，分离出肺炎链球菌。

2.肺炎链球菌对利奈唑胺、万古霉素、碳青霉烯类非敏感的情况较为罕见，需要分纯菌株后复核。

九、流感嗜血杆菌使用 ATB HAEMO 试剂条药敏结果审核

（一）流感嗜血杆菌药敏结果审核注意点

1.脑脊液分离出的流感嗜血杆菌，只报告氨苄西林、第三代头孢菌素、氯霉素和美罗培南。

2.氨苄西林敏感可预测阿莫西林活性。

3.产 β - 内酰胺酶是流感嗜血杆菌对氨苄西林耐药的主要机制（主要为 TEM 型），检测为阳性时，报告氨苄西林耐药、阿莫西林耐药，常对阿莫西林 / 克拉维酸敏感。

4.罕见耐药表型：氨苄西林耐药而 β - 内酰胺酶试验阴性（β-lactamase negative ampicillin resistant，BLNAR）。若确认为 BLNAR 菌株，报告氨苄西林 / 舒巴坦、阿莫西林 / 克拉维酸、哌拉西林 / 他唑巴坦、头孢克洛、头孢呋辛等耐药。无论 BLNAR 菌株体外对上述抗生素显示敏感与否，均应进行耐药修正。

5.对于 CLSI 规定的未报告或仅少见报告，头孢洛扎 / 他唑巴坦非敏感、

表9-16　肺炎链球菌药敏结果审核及解读

类别	抗生素	结果	敏感性	方法	折点	审核要点
青霉素类	青霉素G（脑膜炎）	0.06	敏感（S）	MIC法	0.06~0.12	按脑膜炎折点报告
青霉素类	阿莫西林	0.125	敏感（S）	MIC法	2.00-8.00	
头孢菌素类	头孢曲松（脑膜炎）	0.50	敏感（S）	MIC法	0.50~2.00	按脑膜炎折点报告
头孢菌素类	头孢噻肟（脑膜炎）	0.50	敏感（S）	MIC法	0.50~2.00	按脑膜炎折点报告
碳青霉烯类	厄他培南	1.00	敏感（S）	MIC法	1.00~4.00	耐药罕见，分纯后复核
碳青霉烯类	美罗培南	0.25	敏感（S）	MIC法	0.25~1.00	耐药罕见，分纯后复核
氟喹诺酮类	左氧氟沙星	≤0.50	敏感（S）	MIC法	2.00~8.00	
氟喹诺酮类	莫西沙星	≤0.25	敏感（S）	MIC法	1.00~4.00	
氟喹诺酮类	氧氟沙星	≤1.00	敏感（S）	MIC法	2.00~8.00	
大环内酯类	红霉素	≥1.00	耐药（R）	MIC法	0.25~1.00	
林可霉素类	克林霉素	≥1.00	耐药（R）	MIC法	0.25~1.00	需要补充
噁唑烷酮类	利奈唑胺	≤2.00	敏感（S）	MIC法	≤2.00	耐药罕见，分纯后复核
糖肽类	万古霉素	≤1.00	敏感（S）	MIC法	≤1.00	耐药罕见，分纯后复核
四环素类	四环素	≥16.00	耐药（R）	MIC法	1.00~4.00	
苯丙醇类	氯霉素	≥32.00	耐药（R）	MIC法	4.00~8.00	
叶酸途径拮抗剂类	甲氧苄啶/磺胺甲噁唑	4.00/76.00	耐药（R）	MIC法	0.50~4.00	

注：药敏试验 MIC 法单位是 μg/mL。

表 9-17 肺炎链球菌药敏结果审核及解读

类别	抗生素	结果	敏感性	方法	折点	审核要点
青霉素类	青霉素 G（非脑膜炎）	0.25	敏感（S）	MIC 法	2.00~8.00	
青霉素类	阿莫西林	≤ 0.06	敏感（S）	MIC 法	2.00~8.00	
头孢菌素类	头孢曲松（非脑膜炎）	0.12	敏感（S）	MIC 法	1.00~4.00	
头孢菌素类	头孢噻肟（非脑膜炎）	≤ 0.06	敏感（S）	MIC 法	1.00~4.00	
碳青霉烯类	厄他培南	≤ 0.06	敏感（S）	MIC 法	1.00~4.00	耐药罕见，分纯后复核
碳青霉烯类	美罗培南	0.25	敏感（S）	MIC 法	0.25~1.00	耐药罕见，分纯后复核
氟喹诺酮类	左氧氟沙星	1.00	敏感（S）	MIC 法	2.00~8.00	
氟喹诺酮类	莫西沙星	≤ 0.25	敏感（S）	MIC 法	1.00~4.00	
氟喹诺酮类	氧氟沙星	2.00	敏感（S）	MIC 法	2.00~8.00	
大环内酯类	红霉素	≥ 1.00	耐药（R）	MIC 法	0.25~1.00	
林可霉素类	克林霉素	≥ 1.00	耐药（R）	MIC 法	0.25~1.00	需要补充
噁唑烷酮类	利奈唑胺	≤ 2.00	敏感（S）	MIC 法	≤ 2.00	耐药罕见，分纯后复核
糖肽类	万古霉素	≤ 1.00	敏感（S）	MIC 法	≤ 1.00	耐药罕见，分纯后复核
四环素类	四环素	≥ 16.00	耐药（R）	MIC 法	1.00~4.00	
苯丙醇类	氯霉素	4.00	敏感（S）	MIC 法	4.00~8.00	
叶酸途径拮抗剂类	甲氧苄啶/磺胺甲噁唑	≥ 16.00/304.00	耐药（R）	MIC 法	0.50~4.00	

注：药敏试验 MIC 法单位是 μg/mL。

第三代头孢菌素非敏感、第四代头孢菌素非敏感、头孢罗膦非敏感、碳青霉烯类非敏感、氟喹诺酮类非敏感、来法莫林非敏感，需要复核。

（二）流感嗜血杆菌药敏结果审核及解读（表9-18、表9-19）

表9-18 药敏结果解读：

1. 该标本为临床送检的合格痰标本，分离出流感嗜血杆菌。流感嗜血杆菌是革兰氏阴性短小杆菌，感染多见于5岁以下儿童，以1周岁左右的儿童发病率最高，也可感染体质衰弱的成人。

2. 该菌是典型的 β–内酰胺酶阳性且氨苄西林耐药的菌株，耐药机制是产窄谱 β–内酰胺酶，该酶活性可被克拉维酸、舒巴坦抑制，表现为阿莫西林/克拉维酸敏感。

3. 需要复核对氟喹诺酮类、碳青霉烯类、第三代头孢菌素和第四代头孢菌素非敏感的流感嗜血杆菌。

表9-19 药敏结果解读：

1. 该标本为临床送检的肺泡灌洗液标本，分离出流感嗜血杆菌。

2. 该菌是罕见的 β–内酰胺酶阴性但氨苄西林耐药的菌株，耐药机制是青霉素结合蛋白突变，应判定为对阿莫西林/克拉维酸、氨苄西林/舒巴坦、头孢克洛、头孢孟多、头孢他美、头孢尼西、头孢丙烯、氯碳头孢和哌拉西林/他唑巴坦等抗生素耐药。

3. 需要复核对氟喹诺酮类、碳青霉烯类、第三代头孢菌素和第四代头孢菌素非敏感的流感嗜血杆菌。

表 9-18　流感嗜血杆菌药敏结果审核及解读

类别	抗生素	结果	敏感性	方法	折点	审核要点
耐药类型	β-内酰胺酶	POS	阳性（+）	MIC 法		
青霉素类	氨苄西林	32.00	耐药（R）	MIC 法	1.00~4.00	耐药不常见
β-内酰胺复方制剂	阿莫西林/克拉维酸	≤ 4.00	敏感（S）	MIC 法	4.00~8.00	
头孢菌素类	头孢克洛	≤ 8.00	敏感（S）	MIC 法	8.00~32.00	
头孢菌素类	头孢呋辛	≤ 4.00	敏感（S）	MIC 法	4.00~16.00	
头孢菌素类	头孢噻肟	≤ 2.00	敏感（S）	MIC 法	≤ 2.00	非敏感要复核
氟喹诺酮类	莫西沙星	0.06	敏感（S）	MIC 法	≤ 1.00	非敏感要复核
氟喹诺酮类	氧氟沙星	≤ 2.00	敏感（S）	MIC 法	≤ 2.00	非敏感要复核
四环素类	四环素	≥ 8.00	耐药（R）	MIC 法	2.00~8.00	
安莎霉素类	利福平	≤ 1.00	敏感（S）	MIC 法	1.00~4.00	
苯丙醇类	氯霉素	≤ 2.00	敏感（S）	MIC 法	2.00~8.00	
叶酸途径拮抗剂类	甲氧苄啶/磺胺甲噁唑	≤ 0.50/9.50	敏感（S）	MIC 法	0.50~4.00	

注：（1）POS 是 positive 的缩写，表示阳性。
（2）药敏试验 MIC 法单位是 μg/mL。

表 9-19　流感嗜血杆菌药敏结果审核及解读

类别	抗生素	结果	敏感性	方法	折点	审核要点
耐药类型	β-内酰胺酶	NEG	阴性（－）	MIC 法		
青霉素类	氨苄西林	32.00	耐药（R）	MIC 法	1.00~4.00	
β-内酰胺复方制剂	阿莫西林/克拉维酸	≥ 8.00	耐药（R）	MIC 法	4.00~8.00	耐药不常见
头孢菌素类	头孢克洛	≥ 32.00	耐药（R）	MIC 法	8.00~32.00	
头孢菌素类	头孢呋辛	≥ 16.00	耐药（R）	MIC 法	4.00~16.00	
头孢菌素类	头孢噻肟	≤ 2.00	敏感（S）	MIC 法	≤ 2.00	非敏感要复核
氟喹诺酮类	莫西沙星	0.12	敏感（S）	MIC 法	≤ 1.00	非敏感要复核
氟喹诺酮类	氧氟沙星	≤ 2.00	敏感（S）	MIC 法	≤ 2.00	非敏感要复核
四环素类	四环素	≥ 8.00	耐药（R）	MIC 法	2.00~8.00	
安莎霉素类	利福平	≤ 1.00	敏感（S）	MIC 法	1.00~4.00	
苯丙醇类	氯霉素	≤ 2.00	敏感（S）	MIC 法	2.00~8.00	
叶酸途径抗剂类	甲氧苄啶/磺胺甲噁唑	≥ 16.00/304.00	耐药（R）	MIC 法	0.50~4.00	

注：（1）NEG 是 negative 的缩写，表示阴性。
　　（2）药敏试验 MIC 法单位是 μg/mL。

第十章 临床微生物检验的质量管理

第一节 临床微生物实验室的质量管理基本要求

一、实验室的资源配置与资质认证

（一）检验人员要求

检验人员应具备相应的专业背景和资质，如微生物学、医学检验等相关专业学历，并经过专业培训，熟悉各类微生物检验技术和操作规程，能够高效、准确地完成各项检验任务。人员数量应满足实验室日常工作的需求。同时，实验室应定期组织人员参加继续教育和培训活动，不断更新知识和技能，以适应不断发展的临床微生物检验领域。

（二）实验室环境与检验设备

实验室环境应符合相应的标准，PCR 实验室应通过资质认证，为检验工作提供良好的环境条件。实验室需要配备种类齐全、先进且性能良好的检验设备，如自动化微生物鉴定系统、PCR 扩增仪、培养箱、离心机、显微镜等，并定期进行校准、维护和保养，确保设备的准确性和可靠性。

（三）试剂和耗材

实验室所使用的试剂和耗材应符合质量标准，在有效期内使用，还应进行质量验证，确保其性能稳定可靠，能够满足检验要求。

（四）性能验证与质量控制记录

实验室应对所采用的检验方法和设备进行性能验证，包括准确性、精密度、灵敏度、特异性等指标的验证，确保其能够满足临床需求。同时，建立完善的质量控制体系，定期进行室内质量控制（internal quality control，IQC）和室间质量评价（EQA），并保存详细的质量控制记录，以便对检验质量进行追溯和分析。

二、遵循相关法规、标准及操作规程

实验室应遵循相关法规以及行业标准、规范、指南。

制订包含检验前、检验中、检验后全过程的标准操作规程（standard operating procedure，SOP），SOP需要定期更新，以适应实际工作需求，还要确保检验人员在工作中严格按照标准操作，减少人为误差，提高检验结果的准确性和可靠性。

三、人员能力评估与比对

（一）定期评估检验人员能力

实验室需要定期评估检验人员的理论知识、操作技能、质控意识、问题解决等能力，并针对性地进行培训和改进，使其更好地胜任工作。

（二）手工检验项目人员能力比对评估

对于由多名专业人员实施的手工检验项目，如微生物的形态学鉴定、手工药敏试验等，应定期进行人员能力比对评估，保证操作一致性，质量稳定可靠，提高实验室整体的检验水平。

四、质量改进目标设定与实施

实验室应根据自身的实际情况和临床需求，制订明确、具体、可评价的质量改进目标，如血培养标本质量改进目标。目标可包括提高血培养标本的阳性率、降低污染率、缩短检验报告时间等，从而持续提升实验室的质量管理水平。

第二节 微生物检验室内质量控制

一、培养基的质控标准

一般是以微生物能否在培养基中生长或形成典型菌落来衡量。培养基分为商品培养基和自制培养基2种，培养基的质控标准参照《全国临床检验操作规程（第4版）》。

（一）商品培养基

商品培养基按照厂家说明书规定的条件贮存并在有效期内使用。质控频率为每月1次。

（二）自制培养基

各种成分必须称量准确，配置记录应包括培养基名称、厂商、批号、有效使用期限、制作简要过程及灭菌方式、配置日期、配制者签名。质控频率为每批号1次。

（三）培养基的外观检查

培养基的合格标准：完整，琼脂附于平板底部，血平板应不透明、没有溶血情况，平板颜色好、湿润，无干裂、无污染、无浑浊或沉淀、无冻伤、无过热现象，琼脂厚度至少3 mm。若发现与上述情况不符的培养基，应不予使用。

（四）无菌试验

抽检培养基数量：100 块以内，随机抽检 5%；100 块及以上可随机抽取 10 块平板进行无菌试验。35 ℃培养 24 小时后观察是否有细菌生长，无细菌生长为合格。

（五）培养基的性能监测

对于选择、鉴别培养基的性能评估，必须用已知特性稳定的质控菌株进行监测，符合标准者方可使用，否则不能使用。

常用培养基的生长试验质控标准见表 10-1。35 ℃培养 24~48 小时，符合生长试验质控标准者方可使用。失控者必须记录失控情况，并制订相应的纠正措施。

表 10-1　常用培养基的生长试验质控标准

培养基	质控菌株	鉴定标准	作用
血琼脂培养基	金黄色葡萄球菌 ATCC 29213	中度到大量生长，β 溶血	用于一般病原菌的分离培养、菌落溶血情况观察
	肺炎链球菌 ATCC 49619	生长良好，α 溶血	
	大肠埃希菌 ATCC 25922	生长良好，不溶血	
巧克力琼脂培养基	流感嗜血杆菌 ATCC 49247	生长良好	用于嗜血杆菌属的分离培养、奈瑟菌属的培养
麦康凯琼脂培养基	大肠埃希菌 ATCC 25922	生长良好，红色菌落	用于革兰氏阴性细菌的分离培养、非发酵菌的鉴别
	粪肠球菌 ATCC 29212	不生长	
SS 琼脂培养基	鼠伤寒沙门菌 ATCC 14028	生长良好，菌落有黑色中心	用于粪便标本中沙门菌属和志贺菌属的分离培养
	大肠埃希菌 ATCC 25922	部分或全部抑制	
营养琼脂培养基	金黄色葡萄球菌 ATCC 29213	中量至大量生长	用于院感监测项目
	铜绿假单胞菌 ATCC 27853	生长良好	
沙保罗琼脂培养基	白色念珠菌 ATCC 90028	生长良好	用于真菌分离培养

续表

培养基	质控菌株	鉴定标准	作用
念珠菌显色培养基	白色念珠菌 ATCC 90028	生长良好，绿色菌落	用于常见念珠菌的分离培养和鉴定
	克柔念珠菌 ATCC 6258	粉红色，表面毛糙	
M–H培养基	金黄色葡萄球菌 ATCC 25923	药敏试验质控在控	用于纸片扩散法药敏试验
	大肠埃希菌 ATCC 25922	药敏试验质控在控	
	铜绿假单胞菌 ATCC 27853	药敏试验质控在控	
增菌肉汤	金黄色葡萄球菌 ATCC 29213	生长良好	用于标本中各类非苛养细菌的增菌培养
	大肠埃希菌 ATCC 25922	生长良好	
TCBS琼脂培养基	副溶血弧菌 ATCC 17802	生长良好，绿色大菌落	用于霍乱弧菌、副溶血弧菌等弧菌属的分离培养

（六）质控失控的处理措施

无菌试验不合格时，应丢弃全批培养基。性能检测不合格时，重复试验，并用前批培养基进行平行质控试验，查找失控原因，若确实为培养基的生长性能不合格，则应丢弃全批培养基。

二、染液质控

革兰氏染液、抗酸染液质控见表10-2。

表10-2 染液质控

染液名称	质控频率	灭菌标准菌株	质控预期结果
革兰氏染液	每周	金黄色葡萄球菌 ATCC 25923 大肠埃希菌 ATCC 25922	金黄色葡萄球菌呈紫色 大肠埃希菌呈红色
抗酸染液	每周	灭菌脓肿分枝杆菌涂片 大肠埃希菌 ATCC 25922	分枝杆菌抗酸染色（荧光染色法）呈亮黄色荧光 分枝杆菌抗酸染色（姜–尼氏抗酸染色法）呈红色 大肠埃希菌抗酸染色阴性

三、试剂质控

所有试剂用于检测标本前，必须做质控，质控合格者方可使用。质控应遵循以下原则。

（一）常用定性试剂质控

常用定性试剂质控见表 10–3。

表 10–3　常用定性试剂质量控制

试验	质控频率	标准菌株	质控预期结果
氧化酶	每天	阳性菌株：铜绿假单胞菌 ATCC 27853 阴性菌株：大肠埃希菌 ATCC 25922	ATCC 27853（阳性） ATCC 25922（阴性）
β-内酰胺酶试验	每天	阳性菌株：金黄色葡萄球菌 ATCC 29213 阴性菌株：金黄色葡萄球菌 ATCC 25923	ATCC 29213（阳性） ATCC 25923（阴性）

（二）诊断性抗血清试剂质控

诊断性抗血清试剂质控见表 10–4。

表 10–4　诊断性抗血清试剂质控

诊断性抗血清试剂	质控频率	标准菌株	质控预期结果
沙门菌属诊断血清	检测当天	灭菌质评菌株鼠伤寒沙门菌悬液 生理盐水	鼠伤寒沙门菌（凝集） 生理盐水（不凝集）
志贺菌属诊断血清	检测当天	灭菌质评菌株福氏志贺菌悬液 生理盐水	福氏志贺菌（凝集） 生理盐水（不凝集）

四、直接用于检测患者标本且有内标准的抗原试验

（一）胶体金法抗原试验

隐球菌荚膜多糖检测试剂盒（胶体金法），艰难梭菌谷氨酸脱氢酶抗原及毒素检测、O1 群霍乱弧菌检测试剂盒（胶体金法）、O139 群霍乱弧菌检测试剂盒（胶体金法），严格按照试剂盒说明书判断结果。

（二）支原体培养药敏试验

阴性对照孔结果在控：培养后应为阴性，仍显清亮黄色液体。

阳性对照孔结果在控：培养后由黄色变成红色，且无浑浊为阳性，显示有支原体生长；未由黄色变成红色，且无浑浊为阴性，显示无支原体生长。

五、自动化微生物鉴定及药敏分析系统质控

（一）质控要求

采用自动或半自动微生物检验系统时，应遵照行业标准建立实验室药敏试验的质量管理体系，包括质控菌株、质控频率和质控范围等，同时定期参加实验室室间质量评价。

（二）质控频率

1. 日质控。

（1）按 20 天或 30 天重复方案和 15 天重复方案中任意一种执行日质控。

（2）用质控标准菌株连续检测 20~30 天，每组药物 / 细菌超出参考范围（抑菌圈直径或 MIC）的结果应不超过 1/20 或 1/10。也可采用替代质控方案，即连续 5 天，每天对每组药物 / 细菌重复测定 3 次，每次单独制备接种物，15 个数据超出参考范围（抑菌圈直径或 MIC）的结果应不超过 1 个。若失控结果为 2~3 个，则如前述，再进行 5 天，每天 3 次重复试验，30 个数据失控结果应不超过 3 个。此后，应每周使用标准菌株进行质控。

2. 周质控。

（1）如果日质控检测结果都在控，可转周质控，即每周检测 1 次。

（2）若检测频率小于每周 1 次，则每个检测日应进行质控。

（三）以 VITEK 系统为例介绍自动化仪器质控

1. 鉴定系统质控。

（1）每批新生产批号鉴定卡需要用制造商要求的相应质控菌株做质控以

检测生化反应的可靠性，按要求完成日质控，日质控结果在控可转为周质控。

（2）VITEK MS：质谱仪鉴定质控按要求完成日质控，日质控结果在控可转为周质控。制造商要求的质控菌株：产气克雷伯菌（原产气肠杆菌）ATCC 13048，光滑念珠菌 ATCC MYA-2950。

2. 药敏系统质控。

（1）药敏系统质控分为日质控、周质控和新进药敏卡质控。先进行日质控，直至结果满意后可转为周质控。

（2）日质控：按质控菌株表要求，每种药敏卡每天用相应质控菌株进行质控，连续检测 20 天并记录结果。将某 1 种质控菌株及其对应的抗生素作为 1 个组合，连续检测 20 天得出 20 个结果，若每个组合的 20 个结果中，失控不超过 1 个，则可转为周质控。

（3）周质控：每周用相应质控菌株进行质控并记录结果。如果抗生素种类改变，必须重新做日质控直至结果满意再转为周质控。

（4）新进药敏卡质控：每批新生产批号药敏卡需要用相应质控菌株做质控，以检测 MIC 结果的可靠性。

（四）质控结果失控原因分析及处理

失控原因可分为随机误差、可确认的误差和系统误差。随机误差和可确认的误差可通过简单重复进行质控予以纠正；而系统误差不可通过简单重复进行质控予以纠正。若在失控当天通过重复检测相同质控菌株／抗菌药物组合，其结果在控，可不必进一步纠错。

1. 失控原因是可确认的误差。

（1）质控菌株：①使用误差的质控菌株。②不当的储存方式。③质控菌株传代产物多次，菌株性能改变。④污染，菌株失活。

（2）检测试剂：①不当的储存和运输环境。②污染。③试管或微孔内肉汤量不足。④板条、琼脂平板或药敏卡等损坏（如破裂或泄漏等）。⑤试剂失效。

（3）检测过程：①接种物菌悬液配制方法不当或浊度调节方法不当。②配制接种物使用的细菌孵育时长不当。③配制接种物使用的细菌来源于选择性培养基、含抗菌药物或细菌生长抑制复合物的平板。④孵育温度或孵育条件不当。⑤使用误差的试剂及配套设备。⑥药敏结果读取方法或结果解释不当。⑦书写误差。

（4）仪器：仪器故障。

2. 日质控失控为不可确认的误差。

执行纠正措施：失控当天采用相同的质控菌株/抗菌药物组合重复进行检测，若重复检测的结果在控，继续执行日质控；若重复检测的结果不在控，执行纠正措施，继续执行日质控直至找到失控原因。选用新的质控菌株或新的试剂批号或新的品牌。在寻找失控原因过程中，可采用替代性检测试验。

3. 周质控失控。

执行纠正措施：失控当天重复检测相同的质控菌株/抗菌药物组合，若重复检测的结果在控，且已找到失控的原因，连续 5 天重复使用同一批号的试剂检测所有抗菌药物/质控菌株组合的质控结果。若 5 次检测结果均在控，可继续执行周质控；若 3 次检测结果在控，继续执行连续 2 天重复检测直至 5 次结果在控。

六、纸片扩散法（K-B 法）质控

（一）制备接种菌液

挑取 1~2 个已分纯的菌落于生理盐水中，振荡混匀后用菌液比浊仪将浊度调整至 0.5 MCF。制备好的接种菌液必须在 15 分钟内使用。

（二）接种平板

制备好的接种菌液必须在 15 分钟内使用。用无菌棉签蘸取菌液，在试管内壁旋转挤压去除多余菌液后，涂布整个 M-H 培养基表面，反复几次。每次涂布后将平板旋转 60°，最后沿周缘绕 2 圈，确保涂布均匀。

链球菌属药敏应接种在 5% 血 M-H 培养基上。

流感嗜血杆菌药敏应接种在 HTM 培养基上。

（三）贴纸片

平板在室温下干燥 5 分钟，再贴纸片。用镊子取药敏纸片 1 张，将其贴在琼脂平板表面，用镊子尖端轻压一下，使其贴平，纸片一旦贴住就不可再拿起，因为纸片中的药物已扩散到琼脂中。每张纸片间距不少于 24 mm，纸片中心距平板边缘不少于 15 mm。直径 90 mm 的平板最多贴 5 张纸片（可用纸片分配器）。贴好后 15 分钟内置于（35 ± 2 ℃）恒温培养箱培养，链球菌属、嗜血杆菌属药敏平板需要置于 CO_2 培养箱培养。

（四）孵育

平板在培养箱内最好单独放置，最多双层叠放，否则中间的平板会因达不到培养箱温度而发生预扩散，一般孵育 18~24 小时后读取结果。

（五）结果判定

1.培养后取出平板，测量完整的抑菌圈直径（肉眼判读），包括纸片的直径。

2.手持培养皿于无反光的黑色背景上方，采用反射光照明。抑菌环的边缘应以肉眼可见生长处为准。生长不明显的、只有借助放大镜才能观察到的被抑制生长的抑菌圈边缘应忽略不计。

3.链球菌属药敏观察时，移开皿盖，利用反射光照明，从琼脂正面的表面测量抑菌圈直径。

4.对于利奈唑胺、苯唑西林、万古霉素，应采用透射光（举起平板对着光源）观测。

5.对于甲氧苄啶、磺胺类，因培养基中的拮抗剂允许有轻微生长，可忽略轻微生长并测量更明显边缘以确定抑菌圈直径。

6.对于利奈唑胺、苯唑西林、万古霉素，任何抑菌圈内可识别的生长均表明其耐药。

7.变形杆菌属菌株可蔓延生长至某些抗微生物药物的抑菌圈内，表现为一种细薄微弱的生长，形成一层明显抑制性生长环，这种情况应忽略不计。

8.参照最新版 CLSI 抗微生物药物敏感试验执行标准，判定敏感（S）、中介（I）、耐药（R）。

（六）注意事项

1.未开封药物纸片要低温（–20 ℃以下）密封保存。只拿出少量 4 ℃保存以备日常工作使用，开封后 7 天内用完。装纸片的容器从冰箱取出后，必须在室内放置 1~2 小时才可打开，若立即打开，空气中的水会冷凝在纸片上，易导致其潮解。

2.测定链球菌时，应测量生长受抑制区域而不是溶血受抑制区域。

3.如果抑菌圈内有独立生长的菌落，提示可能有杂菌，需要重新分离后再做药敏试验，此菌落也可能为高频突变耐药株。

（七）质量控制

1.质控标准菌株。流感嗜血杆菌质控菌株用 ATCC 49247，大肠埃希菌质控菌株用 ATCC 25922，金黄色葡萄球菌质控菌株用 ATCC 25923。

2.质控频率。日质控结果均在控时，转为周质控。质控菌株的抑菌圈直径在允许范围内，说明结果可信。

3.失控处理。

（1）日质控失控：失控当天采用相同的质控菌株 / 抗菌药物组合重复进行检测，若重复检测的结果在控，继续执行日质控；若重复检测的结果不在控，执行纠正措施，继续执行日质控直至找到失控原因。选用新的质控菌株或新的试剂批号或新的品牌。在寻找失控原因过程中，可采用替代性检测试验。

（2）周质控失控：失控当天重复检测相同的质控菌株 / 抗菌药物组合，若重复检测的结果在控，且已找到失控的原因，连续 5 天重复使用同一批号的试剂检测所有抗菌药物 / 质控菌株组合的质控结果。若 5 次检测结果均在控，可继续执行周质控；若 3 次检测结果在控，继续执行连续 2 天重复检测直至 5 次结果在控。

七、基础仪器质控

仪器需要进行维护、功能评估及稳定监测。基础仪器的温度控制范围见表10-5。

表 10-5　基础仪器的温度控制范围

仪器名称	控制标准	允许范围
自动化微生物鉴定及药敏分析仪	35 ℃	±1 ℃
自动血培养仪	35 ℃	±1 ℃
CO_2 培养箱	5%~10% 35 ℃	CO2 < 10%，±1 ℃
恒温培养箱	28 ℃，35 ℃，37 ℃	±1 ℃
超低温冰箱	-70 ℃	-80~-70 ℃
普通冰箱 / 冰冻格	4 ℃ /-20 ℃	±2 ℃ / ±5 ℃
水浴箱	56 ℃	±2 ℃
高压灭菌器	121 ℃	≥ 121 ℃

第三节　微生物检验室间质量评价程序

微生物检验室间质量评价（EQA），简称"室间质评"，是指多家实验室对同一微生物标本进行分析,由外部独立机构收集和反馈各实验室上报的结果，以此评价各实验室检测能力以及监控其持续能力的过程。

一、目的

（一）评估检测能力

通过与其他实验室的检测结果比对，评估本实验室微生物检验的准确性和可靠性。

（二）提高检验质量

微生物实验室对参加室间质评的全过程（包括质控标本的接收、保存、检测、报告发送、结果回报分析以及不合格项的处理等）进行控制，以不断提高技术水平、分析判断能力，提高整体检测质量。

（三）替代评价程序

对于无室间质评计划的项目，需要有替代评价程序。

二、参加范围

1.适用于各级临床检验中心组织的室间质评项目。

2.无室间质评计划的项目，可选择替代评估方案进行实验室检测结果评估。

三、职责

1.微生物检验人员均需要熟知并遵守本程序。

2.各岗位人员均需要参与标本的检测并作好详细记录。

四、样本检测工作程序

（一）参与准备

1.申请参加室间质评计划。根据实验室的检测项目和能力，参加国家卫生健康委临床检验中心及省级临床检验中心组织的室间质评活动。

2.获取质评样品。从室间质评提供者处获取质评样品，样品应具有良好的均匀性和稳定性，以保证比对结果的有效性。

3.制订检测计划。明确检测方法、检测人员、检测时间等，并确保检测过程与常规检测一致。

（二）样品检测

1.检测方法。采用与常规检测相同的检测方法对质评样品进行检测，如微生物分离、鉴定、药敏试验等。

2.检测过程。严格按照实验室的标准操作规程进行检测，包括样品处理、培养、观察、结果记录等步骤。结果上报截止日期之前不允许与其他实验室交流检测结果。

3.结果上报。将本实验室实际检测结果按照室间质评计划的要求上报，同时上报检验程序的方法、仪器、试剂、校准品等信息。

（三）结果分析与反馈

1.结果汇总与分析。室间质评提供者将各实验室上报的结果进行汇总和分析，计算出统计学参数，如均值、标准差、变异系数等。

2.反馈结果。将分析结果反馈给各参与实验室，包括各实验室的检测结果与整体结果的比较、存在的问题和改进建议等。

3.结果解读。实验室收到反馈结果后，应认真解读，了解自身检测结果的偏差情况和与其他实验室的比较结果。

（四）质量改进

1.问题分析。如果质评结果存在不符合项，需要对笔误、质量控制记录、检测系统性能以及失控是否影响患者检测结果等方面进行分析。对于检测结果不合格或存在较大偏差的项目，实验室需要深入分析问题原因，如操作失误、试剂失效、设备故障等。

2.制订改进措施。根据问题分析结果，制订相应的改进措施，如加强人员培训、更换试剂、校准设备等。

3.持续改进。将改进措施纳入实验室质量管理体系，定期进行内部质量控制和室间质评，持续提高检测质量。

五、无室间质评检验项目的替代评估方案

参照《无室间质量评价时的临床检验质量评价》（WS/T 415—2024）进行评估。

（一）分割样品比对

1.定量检验项目。

（1）分割样品程序通常的做法是将样品分为多份，由不同的实验室对样品进行检测，要保证分割样品的均匀性和稳定性满足要求。优选已获实验室认可并使用相同检测系统的实验室或使用配套检测系统的上一级医疗机构实验室或同级医疗机构实验室。

（2）分割样品程序是最常见的实验室间比对方法，用于识别偶然误差和系统误差，验证纠正措施是否有效。除分发到各实验室的样品外，还需要预留足够的样品，以便在不同实验室间结果出现偏差时，由其他实验室进行检测。

（3）每半年执行1次，每次检测至少5份患者样品（浓度应覆盖测量范围）。定量项目5份样品中至少4份样品结果的百分差值或绝对差值在规定的允许总误差范围内，则认为比对结果可接受。

2.定性项目。

（1）可将样品分为多份，由已获实验室认可并使用相同检测系统的实验室或使用配套检测系统的上一级医疗机构实验室或同级医疗机构实验室对样品进行检测。

（2）每半年执行1次，定性项目5份样品应包括高、中、低不同浓度的阳性和阴性样品，至少4份样品的结果一致，则认为比对结果可接受。

（二）利用质控品室内质量控制数据的实验室间比对

若多个实验室共用同一批号的质控品，可将检测结果组织成实验室间比对计划。通过该计划的数据获得统计资料，确定实验室间同一方法组的偏倚。如果偏倚小于允许偏倚，则认为比对结果可接受。

（三）对患者数据百分位数（中位数）进行实验室间比对

特别适用于样品量较大的检验项目。不同实验室患者样品检测结果的百分位数（中位数）之差小于允许偏倚，则认为比对结果可接受。

（四）具有互换性参考物质、正确度验证质控品和生产厂家不同批号校准品的分析

应检测至少2个浓度水平的参考物质，对每种参考物质进行至少10次重复检测。

（五）结果重新评价验证

形态学分析、电泳图谱、色谱图等检验，可通过结果重新评价进行人员比对，即由其他专业人员对解释性结果进行重新评价。对于形态学分析，也可将之前的载玻片或电子图像作为未知样品重新进行分析。

（六）替代性微生物验证

减毒株或者形态学上相似的微生物可替代高危微生物进行实验室间比对。

（七）来自临床相关研究的患者样品的分析

临床相关研究是指选择某个检验项目，对一批标本中的该检验项目进行检测，然后应用统计方法推导结论：该检验项目与疾病的相关性。通过检测上述临床相关研究已知的患者样品，也可评估该检验项目的检验程序是否满足性能要求。

（八）来自细胞或组织库中材料的分析

用来自细胞或组织库中已知样品的检测结果，可评价该实验室某个检验项目检验程序的性能是否满足要求。

第四节　微生物实验室室内人员比对程序

一、目的

保证室内人员检测结果的一致性和正确性，保证微生物实验室稳定运行。

二、适用范围

在岗工作人员，包括新员工、周末及夜班值班人员等。

三、职责

所有工作人员应参与比对的策划、操作流程、结果判读及总结。

四、程序

（一）比对项目

由多人进行的手工检验项目需要进行人员比对，至少包括显微镜检查（革兰氏染色、抗酸染色）、培养结果判读、抑菌圈测量、结果报告。

（二）比对时间

至少每6个月1次，每次至少使用5份临床样品（含阳性结果）进行检验人员的结果比对、考核并记录。

（三）比对方法

采用常规实验室检测方法。

1. 显微镜检查。选取菌种或标本进行革兰氏染色或抗酸染色，由所有参与比对人员报告镜下所见。

2. 培养结果判读。选取实验室已接种的平板，由所有参与比对人员报告菌落生长情况（包括菌量、有无溶血、选择性培养基上菌落挑选等）。

3. K-B法药敏试验抑菌圈直径测量。用游标卡尺测量某一药敏平板中指定抗生素纸片的抑菌圈直径大小。

4. 结果报告。对指定标本的培养及药敏结果进行报告，宜包括痰液、粪便等有菌部位标本的病原菌报告和特殊药敏机制的报告。

5. 比对结果判读。指定高年资工作人员为该项目报告的授权人，其中符合率为单一测试所有人员与项目授权人比较；正确率为操作者对一个项目的总正确率。符合率和正确率均在80%以上视为合格。不合格人员则需要进行相关知识和技术的培训。

6. 记录保存。人员比对结束后，应整理原始数据、汇总结果、总结报告，经质量主管审核后签字批准，并存档保存。经授权后可查询数据和报告。

五、细菌涂片革兰氏染色的人员比对

（一）比对频率及时间安排

为确保实验室人员在涂片革兰氏染色操作上的准确性和一致性，每年应进行 2 次人员比对实验。这 2 次比对实验的间隔时间不应超过 6 个月，以便及时发现和纠正可能出现的操作偏差。

（二）人员编号

参与比对的人员应按照姓名的字母顺序进行编号，独立完成操作。

（三）标本准备与编号

准备至少 5 份标本进行比对，这些标本应包括阴性和阳性样本，以全面评估操作者的技能。每份标本应使用阿拉伯数字（1、2、3……）进行唯一性编号。确保参与比对的检验人员数量不少于 2 人。

（四）涂片与革兰氏染色操作

所有参与比对的检验人员应按照实验室制订的相关 SOP 进行细菌涂片和革兰氏染色。这一步骤的标准化对于确保结果的准确性和可比性至关重要。

（五）镜检及结果判定

1. 低倍镜观察。首先使用低倍镜观察涂片中的白细胞与上皮细胞数量，并据此做出初步判断。这一步骤有助于评估操作者在样本制备和标本质量判定方面的技能。

2. 油镜观察。在油镜下详细观察细菌的形态、排列方式、革兰氏染色属性，以及是否疑似特定种类的细菌。同时，还需要注意观察是否存在真菌孢子及菌丝等。这一步骤的目的是评估操作者对细菌形态和染色的识别能力。

（六）比对结果分析

1. 比对原始检查结果与复检结果，记录两者之间的一致性和差异性。

2. 若发现显著的差异性，需要进一步分析原因，可能是技术操作失误、样本问题或其他因素。

3. 根据比对结果，对检查流程或人员进行必要的调整和培训。

4. 详细记录每次比对的过程与结果，包括涂片的编号、检查人员的信息、发现的问题等。

5. 定期汇总比对结果，分析趋势，以便采取相应的质量改进措施。

六、抗酸杆菌涂片检查的人员比对

（一）比对频率与时间安排

1. 比对应每天进行，以保持对检测质量的持续监控。

2. 在时间安排上，每天日常工作结束后，即可开始比对工作。

（二）比对实施方式

1. 采取互相审查的方法，即实验室工作人员相互检查对方制作的涂片。

2. 每天至少抽取当天制作的 10% 涂片进行复检。例如，某天制作了 100 张涂片，则需要随机选择包含所用阳性结果的至少 10 张进行比对。

（三）比对步骤

1. 确保所有参与比对的工作人员接受了必要的培训，并熟悉抗酸杆菌涂片的制备和评估标准。

2. 准备所需材料与设备，如显微镜、抗酸染液、涂片、标签等。

3. 从当天制作的涂片中随机抽取至少 10% 的样本进行比对。

4. 对抽取的涂片进行重新编号，以隐藏原始检查人员的身份信息。

5. 将重新编号的涂片分配给其他工作人员进行复检。

6. 复检人员根据标准的抗酸染色和显微镜检查程序对涂片进行评估。

7. 记录复检结果，包括是否发现抗酸杆菌以及细菌的数量和形态。

（四）结果分析

1. 比对原始检查结果与复检结果，记录两者之间的一致性和差异性。

2. 若发现显著的差异性，需要进一步分析原因，可能是技术操作失误、样本问题或其他因素。

3. 根据比对结果，对检查流程或人员进行必要的调整和培训。

4. 详细记录每次比对的过程与结果，包括涂片的编号、检查人员的信息、发现的问题等。

5. 定期汇总比对结果，分析趋势，以便采取相应的质量改进措施。

七、培养结果判读的人员比对

（一）比对频率与时间安排

为确保实验室人员在培养结果判读上的准确性和一致性，每年应进行 2 次人员比对实验。这 2 次比对实验的间隔时间不应超过 6 个月，以便及时发现和纠正可能出现的操作偏差。

（二）比对实施方式

挑选实验室中已接种并培养了规定时间的培养基作为比对样本，包含不同类型的培养基，如选择性培养基和非选择性培养基。确保所有参与比对的人员都接受了适当的培训，了解如何正确判读培养结果。

（三）比对步骤

为了确保比对的匿名性和公正性，所有参与比对的平板应使用随机生成的编号进行标记。

（四）菌落生长情况分析

1. 菌量评估。参与比对的人员需要报告每个平板上的菌落数量，包括定量培养、半定量培养。

2.溶血现象观察。检查并报告是否有溶血现象，即菌落周围是否出现透明溶血圈、草绿色溶血圈。

3.选择性培养基上的菌落挑选。对于使用选择性培养基的平板，参与比对的人员需要报告是否挑选了特定的菌落，并描述这些菌落的特征。

（五）结果记录与比较

1.记录结果。将每位参与比对人员的结果详细记录，包括菌落生长情况、溶血现象和选择性培养基上的菌落挑选。

2.结果比较。将不同人员的结果进行交叉比较，评估他们在菌落判读方面的一致性和准确性。

（六）反馈与改进

1.结果反馈。向参与比对的人员提供反馈，指出他们在判读过程中的偏差和错误。

2.改进措施。根据比对结果，制订相应的改进措施，如加强培训、更新操作规程等，以提高实验室整体在微生物培养和结果判读方面的准确性和一致性。

八、抑菌圈直径测量的人员比对

（一）比对频率与时间安排

为确保实验室人员在抑菌圈直径测量上的准确性和一致性，每年应进行 2 次人员比对实验。这 2 次比对实验的间隔时间不应超过 6 个月，以便及时发现和纠正可能出现的操作偏差。通过人员比对，确保不同操作人员在进行 K-B 法药敏试验时，能够得出一致且准确的抑菌圈直径测量结果，提高实验室的检测质量。

（二）比对实施方式

选择至少 3 名不同年资的检验人员参与比对，包括 1 名经验丰富的高级技术人员作为参考标准。

抑菌圈直径测量方法：使用游标卡尺测量抑菌圈直径，以肉眼见不到细菌明显生长的边缘为限。变形杆菌属菌株可蔓延生长至某些抗微生物药物的抑菌圈内，表现为一种细薄微弱的生长，形成一层明显抑制性生长环，这种情况应忽略不计。对于磺胺类药物，应忽略抑菌圈内轻微的细菌生长，少于 20% 的菌苔，以明显的边缘为抑菌圈直径。

（三）比对步骤

1. 样本准备。准备至少 5 份临床样品，确保样本的多样性和代表性。
2. 操作过程。实验过程应全程监督，确保操作熟练且准确无误。
3. 结果记录。记录每位操作人员的抑菌圈测量结果和结果报告。

（四）结果分析

以高年资、经验丰富人员的结果为标准，要求其他人员的敏感度判定结果与之完全符合，为比对可接受。不合格人员则需要进行相关知识和技术的培训。

第十一章　临床微生物检验技术的信息化建设与发展趋势

第一节　临床微生物检验技术的信息化建设

在当代医疗领域，临床微生物检验技术的信息化建设已成为提高诊断准确性和效率的关键。

一、检验流程信息化

检验流程的信息化：通过引入 LIS，利用条形码技术实现样本信息的快速、准确录入与识别，从而实现样本从采集到接收的全程跟踪。LIS 依据样本类型和检验项目，自动分配检验任务。检验人员在登录系统后，可实时更新检验进度，显著提升检验效率和准确性。在检验过程的各个阶段，工作人员需要在 LIS 中记录每一步的操作，系统会自动更新检验状态，确保相关人员及时获取检验工作进展。

二、信息共享与协同

借助信息化平台，实现医院内部多部门间的信息共享与协同工作。特别是与临床科室的检验信息共享，使临床医生能够迅速获取检验结果，为制订治疗方案提供依据，从而提升临床诊疗效率。微生物实验室通过信息系统，及时将感染病原体监测数据、耐药菌分布情况及流行趋势报告给医院感染管理科，有助于及时发现并预防医院感染。在区域医疗中心建设中，检验数据的区域共享和互认不仅提高了医疗资源利用率，还促进了远程会诊和学术讨论，提升了区域内整体医疗水平。

三、数据安全与存储

在数据存储和分析过程中，采用先进的数据加密技术，确保数据的安全性和隐私保护。建立严格的用户权限管理系统，根据人员职责和角色分配相应数据访问权限，确保数据的安全性。定期对数据存储系统和分析平台进行安全漏洞扫描和修复，防止数据泄露事件发生。同时，采用大数据存储技术，为长期数据查询、统计和分析提供有力支持。

第二节　临床微生物检验技术的发展趋势

一、自动化与智能化

全自动流水线、智能培养箱、数字化工作站等自动化设备将广泛应用，从样本采集、运输、检验到报告的整个流程实现信息化管理，提高检验效率和质量。同时，人工智能和机器学习技术可辅助微生物鉴定、药敏试验及报告审核，降低人为误差，实现检验结果的快速、准确传递和共享，为临床诊断和治疗提供更及时的支持。

二、大数据与精准化医疗

整合临床微生物检验数据与患者临床信息，构建大数据库，通过大数据分析实现疾病精准诊断、个性化治疗方案制订以及耐药菌感染预警，提高治疗效果，减少抗生素滥用，推动精准医疗发展。

三、多学科融合

临床微生物检验技术将与临床医学、生物信息学、统计学等多学科深度融合，开展跨学科研究和合作，为感染性疾病诊断、治疗和防控提供更全面支持。

床边检测与即时诊断：开发更加简便、快速、便携的检测技术和设备，使微生物检验能够在床边或现场进行，实现即时诊断，缩短患者等待时间，提高疾病诊治效率，尤其适用于急诊科、基层医疗机构和偏远地区。

四、云平台技术应用

云平台存储和管理微生物检验数据，可降低硬件成本和维护工作量，提高数据安全性和可靠性。同时，可通过云平台实现数据共享和协作，促进学术交流和科研合作。

第十二章 临床微生物检验与临床科室的沟通协作

第一节 检验前沟通

在检验前，沟通的主要目的是确保标本采集合格，处理符合检验要求，能真实反映患者的疾病状态，避免采集和运送过程中的标本污染，从而保证检验结果的准确性和代表性。

一、指导选择检验项目

微生物检验人员需要经常深入临床科室，与临床医生进行面对面交流，根据患者症状、体征、病史及初步诊断，帮助临床医生选择合适的检验项目，提高检验针对性、有效性，减轻患者不必要的经济负担和痛苦，为诊断提供更有价值的依据。

二、样本采集规范培训

为确保微生物检验的样本质量，检验人员需要定期对临床医护人员进行样本采集规范培训，强调多送检无菌体液标本的重要性，详细讲解不同样本（如血液、尿液、痰液、粪便、组织等）的采集方法、采集量、最佳采集时间及注意事项等，通过现场演示、专题讲座、发放操作手册等多种形式强化其规范意识与操作技能，不断提高样本质量，保证检验结果的准确性。

三、个性化检验项目服务

针对不同临床科室的需求，检验科需要定期听取和收集临床意见，采取针对性强、个性化的方式进行协调与交流，合理调整和开设相应的检验项目，使相关临床医生及时了解专项检验项目的更新情况和临床意义，并指导其在诊断过程中合理选择检验项目。

可通过发放宣传册、开展小讲座、建立个性化电子申请检验界面等方式，充分满足专科疾病的临床检验需求，增强检验项目的临床实用性。实施个性化检验项目和服务，有助于提高医疗服务质量，满足临床科室的具体需求，促进检验科与临床科室之间的紧密合作。例如，针对肾脏透析患者的诊治需求，可增设透析液电解质等生化检测项目。

四、主动推广新技术和新项目

检验科持续引进新技术、新设备，开展新项目，缩短检测周期，提升检验结果的灵敏度和准确性。检验科工作人员应主动到临床科室交流，通过专题讲座、新技术研讨、发放新项目开立医嘱流程和临床适用性宣传资料，将有价值的检测项目推广到临床科室，并持续评估应用的时效性。

第二节　检验中沟通

检验中的沟通旨在确保检验过程顺利进行，以及应对可能出现的任何问题。

一、日常工作中的问题及时沟通

检验人员在收到标本后，需要立即评估标本的质量。对于不合格的标本，应及时与临床科室沟通，必要时要求重新采集。

在检验工作中若发现有异常情况（如培养出罕见菌、传染病病原体等），检验人员应立即主动与临床医生沟通，共同分析患者的病情、用药史、免疫状态及可能的感染途径等，综合判断结果的临床意义，必要时建议临床医生采用其他检测方法以明确诊断，提高疑难病例诊断的准确性，帮助临床医生制订合理的治疗方案。

临床医生在观察到患者的生命体征有显著改变时，应及时与检验人员进行沟通，以引起检验人员对患者生命体征变化的重点关注。

二、结果初步反馈机制

对于紧急或重要的检验项目，检验人员在获得初步结果后，应迅速与临床医生沟通，以便临床医生能够及时根据这些结果调整治疗方案。

应建立血培养危急值三级报告制度，针对血培养真阳性标本，立即通过信息系统、电话告知主管医生，使其能够在第一时间了解患者的感染情况，及时调整治疗方案，避免病情恶化，为精准治疗争取时间。

三、检验进度更新

定期向临床科室提供标本检验进度信息，确保临床科室能够及时获得患者检验结果的关键环节，尤其是对于紧急检验或特殊项目。例如，通过实验室信息系统记录标本检验过程中的每个关键步骤（如样本接收、处理、分析、结果审核等）的时间节点，确保系统实时更新，临床科室可通过系统查询样本检验状态。

第三节　检验后沟通

检验后的沟通主要关注结果的解释和应用，以及从临床科室获取反馈以持续改进检验服务。

一、帮助解读检验报告

临床微生物检验报告包含专业术语和复杂药敏结果，检验人员需要向临床医生详细解释检验结果的临床意义，包括病原菌的鉴定结果、药敏结果等，并结合患者的具体病情进行讨论，帮助临床医生做出准确的诊断和治疗决策。检验人员可通过电话、线上交流平台、面对面沟通等方式，主动向临床医生详细解释检验结果的含义，帮助临床医生更好地理解检验报告，合理应用检验结果进行临床决策。

二、临床反馈收集与工作改进

检验人员应定期收集临床科室对检验结果的反馈，了解检验结果的准确性、有效性、及时性等，并根据反馈进行质量改进。检验人员可通过开展问卷调查、组织座谈会等方式，广泛收集临床医护人员对微生物检验工作的反馈意见，以及开展新技术的需求，收集他们在临床工作中的实际需求和困难，及时改进微生物检验工作流程，按照临床需求开展新的检验项目，不断提高检验质量，满足临床需求，更好地为患者服务。

三、耐药监测数据分析

检验人员需要定期对微生物检验的耐药监测数据进行统计分析，包括各种病原菌的检出率、对不同抗菌药物的耐药率、耐药菌的分布情况、病原菌耐药率的变迁趋势、重点多重耐药菌暴发等。

同时，检验人员需要及时将统计分析的结果反馈给临床科室。定期发布本院耐药监测报告，使临床医生及时了解本医院及本科室的病原菌分布和耐药趋势，从而在治疗患者时更精准地选择抗菌药物，避免抗菌药物滥用，减少耐药菌的产生，保障医疗安全。

后 记 >>>

一、结论

本专著系统地探讨了临床微生物检验技术的各个方面，从基础理论到实践操作，展现了其在现代医疗中的重要性。

第一章概述了临床微生物检验的背景和重要性，为后续章节奠定了基础。第二章深入介绍了临床微生物学的基础知识，为理解检验技术提供了必要的理论框架。第三章至第五章着眼于检验技术本身，详细阐述了标本的采集与处理、传统技术方法以及现代技术方法。这些章节不仅描述了检验技术的演变，还强调了其在提高检验准确性和效率方面的作用。第六章至第八章探讨了临床微生物检验在感染性疾病诊断、医院感染控制以及合理用药指导方面的应用。这些章节突出了检验技术在患者治疗和安全管理中的核心作用。第九章专门讨论了抗菌药物敏感试验和药敏结果审核要点分析，这是临床微生物检验中的核心环节，着重介绍了依据药敏审核相关要求，在应用于某自动化仪器检测的药敏数据审核日常工作时需要注意的关键点。第十章则转向检验的质量管理与质量控制，确保了检验结果的准确性和可靠性。第十一章和第十二章分别探讨了临床微生物检验技术的信息化建设与发展趋势，以及与临床科室的沟通协作机制。这些章节强调了跨学科合作和信息技术在提升检验服务质量方面的重要作用。整体而言，本专著不仅为读者提供了全面的理论和实践指导，而且对推动临床微生物检验领域的发展具有重要意义。

二、展望

临床微生物检验技术的发展趋势将更加倾向于自动化、智能化、精准化和快速化。这将显著缩短检测时间，提高检测效率，从而为患者提供更快速、更准确的诊断服务。

多技术联合应用将成为主流趋势。综合运用不同的检测方法，可以优势互补，提高检测的准确性和全面性，为临床决策提供更为可靠的依据。随着基因测序技术的持续进步，微生物的基因检测将更加普遍。这将为我们提供关于微生物分类、鉴定和溯源的更为精确的信息，有助于深入理解微生物的生物学特性和致病机制。新型检测技术的不断涌现，如纳米技术、单细胞测序技术、微流控芯片等，将在微生物检验领域得到更广泛的应用。这些新技术的应用将进一步提高检验结果的准确性和可靠性，并为临床治疗决策提供更加科学、精准的建议。

然而，临床微生物检验技术的发展也面临着诸多挑战。为了推动临床微生物检验事业的持续发展，我们需要不断加强技术创新、人才培养、质量控制和国际合作，以期在人类健康事业中发挥更大的作用。

参考文献 >>>

［1］国家卫生健康委员会.临床微生物学检验标本的采集和转运：WS/T
640—2018［S］.［2024-12-20］.

［2］国家卫生健康委员会.临床微生物实验室血培养操作规范：WS/T 503—
2017［S］.［2024-12-20］.

［3］国家卫生健康委员会.下呼吸道感染细菌培养操作指南：WS/T 499—
2017［S］.［2024-12-20］.

［4］国家卫生健康委员会.尿液标本的收集及处理指南：WS/T 348—2024［S］.
［2024-12-20］.

［5］国家卫生健康委员会.尿液标本临床微生物实验室检验操作指南：WS/T
489—2024［S］.［2024-12-20］.

［6］国家卫生健康委员会.临床微生物检验基本技术标准：WS/T 805—2022
［S］.［2024-12-20］.

［7］尚红,王毓三,申子瑜.全国临床检验操作规程［M］.4版.北京：人民
卫生出版社，2015.

［8］王辉,任健康,王明贵.临床微生物学检验［M］.北京：人民卫生出版社，
2015.

［9］王瑶,贾伟,黄晶晶,等.激光散射法微生物快速培养系统临床应用专家
共识［J］.中国医学装备,2024,21(1):189-198.

［10］国家卫生健康委员会.抗菌药物敏感性试验的技术要求：WS/T 639—
2018［S］.［2024-12-20］.

［11］全国细菌耐药监测网.全国细菌耐药监测网技术方案（2024 年版）［S］.
［2024-12-20］.

［12］周庭银,王华梁,倪语星,等.临床微生物检验标准化操作程序［M］.上海:
上海科学技术出版社，2019.

［13］胡付品,郭燕,王明贵,等.细菌药物敏感试验执行标准和典型报告解
读［M］.上海：上海科学技术出版社，2023.

［14］王辉,宁永忠,陈宏斌,等.常见细菌药物敏感性试验报告规范中国专
家共识［J］.中华检验医学杂志,2016,(1):18-22.

［15］国家卫生健康委员会.临床微生物培养、鉴定和药敏检测系统的性能验
证：WS/T 807-2022［S］.［2024-12-20］.

［16］国家卫生健康委员会.无室间质量评价时的临床检验质量评价：WS/T
415—2024［S］.［2024-12-20］.